Aus Natur und Geisteswelt

Sammlung wissenschaftlich-gemeinverständlicher Darstellungen

618. Band

Einführung in die

Relativitätstheorie

Von

Dr. Werner Bloch

Dritte, verbesserte Auflage

12.—16. Tausend

Mit 18 Figuren

Springer Fachmedien Wiesbaden GmbH 1921

Herrn Professor

Dr. Alexander Pfänder

in München

meinem Lehrer der Philosophie

in dankbarer Verehrung

gewidmet

ISBN 978-3-663-15471-6   ISBN 978-3-663-16042-7 (eBook)
DOI 10.1007/978-3-663-16042-7

Vorwort.

In den folgenden Blättern habe ich mich bemüht, von der heute im Vordergrund des physikalischen Interesses stehenden Relativitätstheorie eine Darstellung zu geben, die für jeden lesbar sein soll, der mit den einfachsten Gedankengängen der analytischen Geometrie und der elementaren Physik vertraut ist, d. h. also sicherlich für alle diejenigen, die die Prima einer höheren Lehranstalt besucht haben. Ich habe geglaubt, die mathematische Behandlung nicht ganz vermeiden zu sollen, denn mir scheint, daß man bei Benutzung nur bildlicher, anschaulicher Methoden den Bildern zu viel Raum widmen muß und daß die Aufmerksamkeit gerade von den wichtigsten Punkten abgezogen wird. Ich habe aber andererseits Wert darauf gelegt, alles Mathematische auch ins Physikalische umzusetzen. Die Besprechungen der ersten Auflage, die übereinstimmend anerkannten, daß das Buch wirklich dem Anspruch der Verständlichkeit für weitere Kreise genügt, der rasche Absatz der ersten und zweiten Auflage und schließlich die wiederholte Versicherung aus den Kreisen meiner Leser, daß gerade der straff gezogene logische Faden ihnen das Verständnis des Ganzen erleichtert hätte, ließen es mir geraten erscheinen, Abänderungen nur in geringem Umfang vorzunehmen. Ich habe daher auch grundsätzlich den zwei Versuchungen widerstanden, einerseits die allgemeinen naturwissenschaftlichen Betrachtungen zu erweitern und andererseits über das Notwendigste hinaus Dinge in das Buch aufzunehmen, die bei den elementaren mathematischen Mitteln nur hingenommen, aber nicht verstanden werden konnten. Auch an dieser Stelle spreche ich gerne Herrn Professor Einstein meinen Dank aus, der sich freundlicherweise der Mühe unterzogen hatte, die erste Auflage im Manuskript durchzulesen, und aus dessen Ratschlägen ich auch seitdem noch Vorteil gezogen habe. Mögen meine Leser an der Befriedigung teilnehmen, die ich immer wieder empfinde, wenn ich mich in die Gedankengänge dieser Theorie vertiefe.

Berlin, im März 1921.

Werner Bloch.

Inhaltsverzeichnis.

I. Einleitende Überlegungen.

Experimentelle und theoretische Physik.

Die Physik hat eine doppelte Aufgabe. Einmal liegt es ihr ob, Tatsachenmaterial zu sammeln, d. h. also Versuche anzustellen und durchzuführen und die beobachtbaren Erscheinungen zu beschreiben. Zweitens hat sie dieses Tatsachenmaterial zu sichten, zu ordnen, Vergleichbares zusammenzustellen, Unzusammengehöriges zu scheiden und schließlich Vorstellungen zu erdenken, die es gestatten, auch das in der Erscheinung nicht unmittelbar Zusammengehörige in der Vorstellung unter einheitlichen Gesichtspunkten zu erfassen. Man kann hiernach die Physik in zwei große Gebiete einteilen, indem man die experimentelle von der theoretischen Physik unterscheidet. Es ist selbstverständlich, daß keins der Gebiete ohne das andere lebensfähig ist. Man kann nichts „versuchen" ohne leitende Ideen, ohne theoretische Vorstellungen, und man keine Theorien aufstellen, ohne daß diese sich auf Tatsachen beziehen. Gleichwohl lassen sich gewisse Unterschiede im Charakter beider Seiten der Physik auffinden.

Der experimentelle Teil zeigt eine weit größere Stetigkeit im Fortgang der Entwicklung. Das liegt im Wesen der Sache. Eine einmal angestellte korrekte Beobachtung kann durch zukünftige Beobachtungen nicht widerlegt werden. Sie kann später anders gedeutet und ausgelegt werden, aber die Beobachtung selbst bleibt davon unberührt. Und so besteht der Hauptfortschritt auf diesem Gebiet, wenn es sich nicht um Entdeckung und Feststellung neuer Tatsachen handelt, vornehmlich in einer Verfeinerung der Maßmethoden, die es gestattet, die Genauigkeit früher angestellter Messungen zu erhöhen.

Ganz anders liegt die Sache auf dem theoretischen Felde. Hier gilt es, sich eine Vorstellung zu machen, die selbst nicht der Beobachtung entnommen ist, die zur Erklärung der Beobachtungen dienen soll. Eine solche Vorstellung nennt man eine Hypothese. Aus dieser Grundvorstellung oder Hypothese werden dann durch richtige Schlüsse Behauptungen abgeleitet über beobachtbare Tatsachen. Diese Behauptungen werden mit denen verglichen, die die experimentelle Forschung über denselben Gegenstand aufstellt. Stimmen dann alle abgeleiteten Behauptungen mit allen aus der Beobachtung sich ergebenden überein, so kann man die Hypothese als einheitliche Erklärungsvorstellung des ganzen Gebietes gelten lassen. Findet sich aber auch n u r e i n e Erfahrung, die mit den Ableitungen aus dieser Hypothese in unlösbarem Widerspruch steht, so muß die Hypothese aufgegeben werden. Die Gesamtheit einer Hypothese und ihrer Folgerungen nennt man eine T h e o r i e. Es ist nun in der Physik keine seltene Erscheinung, daß eine Theorie mit sämtlichen zur Zeit bekannten Tatsachen übereinstimmt, sich aber später mit einer neu auftretenden Erfahrung nicht vereinigen läßt. Dann wird man zunächst versuchen, sich durch Abänderung der Nebenhypothesen der Erfahrung anzupassen. Gelingt das aber nicht, ohne allzu komplizierte Annahmen in die Theorie einzuführen, so muß man eine veränderte Hypothese zugrunde legen und eine neue Theorie ableiten, die den neuen Erfahrungen besser entspricht. Nehmen wir ein Beispiel. Die Vorstellung, daß das Licht aus geradlinig ausgeschleuderten kleinsten Körperchen bestehe, genügt zur Erklärung vieler optischer Erscheinungen, insbesondere um die Schattenformen und die Spiegelung zu verstehen. Diese Vorstellung versagt jedoch bei der Erklärung der Brechungserscheinungen oder würde wenigstens sehr umständliche Hilfsannahmen erfordern. Beide Gebiete werden aber einheitlich erklärt durch die Vorstellung, daß das Licht eine wellenartige Bewegung in einem besonderen Medium, dem Äther, sei. Es mußte also die erste Hypothese durch die zweite ersetzt werden, nachdem man hinreichende Erfahrungen über die Brechung des Lichtes besaß.

Wir sehen hier gleich an einem Beispiel, daß die wichtigsten Fortschritte der theoretischen Physik in gleichzeitigem Niederreißen der überkommenen und Aufbau der neuen Vorstellungen bestehen. Neue Erfahrungen sprengen den alten Rahmen, führen zu kritischer Stellungnahme gegenüber dem bisher bewährten Vorstellungsganzen und führen so große Umwälzungen herbei, da ja mit Veränderung der Hypothese auch alle Ableitungen der neuen Vorstellung angepaßt werden müssen. Denn es ist selbstverständlich, daß man nicht auf die Dauer zwei verschiedene Grundvorstellungen über dasselbe Gebiet nebeneinander bestehen lassen kann. So zeigt die theo-

retische Physik einen viel revolutionäreren Charakter als die experi=
mentelle, der aber kein Fehler ist, sondern in ihrem Wesen unver=
meidlich begründet liegt.

Im gegenwärtigen Zeitpunkt steht die Physik nun in einer Phase,
in der auf vielen Gebieten zugleich die bisher geläufigen Vorstellun=
gen versagen und in der eifrig daran gearbeitet wird, das Alte durch
Neues zu ersetzen. Es ist nur natürlich, daß hier nicht jeder Ver=
such, eine neue Hypothese einzuführen, sofort vollen Erfolg hat.
Eine neue Hypothese kann in ihrem Grundgedanken richtig sein und
doch in Teilen veränderungsbedürftig. Sie kann zu allgemein und
zu speziell sein, und es bedarf meistens vieler experimenteller Ar=
beit, um eine neue Hypothese zu bestätigen. Auch muß man folgen=
des beachten. Zur Erklärung eines bestimmten Tatsachengebietes
stehen zuweilen mehrere Hypothesen zur Verfügung (etwa zur Er=
klärung der Schatten= und Spiegelungserscheinungen allein sowohl
die Emissions= als die Wellentheorie des Lichtes). Solange keine
Erfahrungen aus verwandten Gebieten vorliegen, die der einen oder
der anderen Hypothese ein Übergewicht verschaffen, wird die größere
Einfachheit der Vorstellung für die Annahme einer Hypo=
these ausschlaggebend sein. So darf man denn im allgemeinen an=
nehmen, daß, wenn eine bisher brauchbare Theorie durch eine neue
ersetzt werden muß, diese neue in irgendwelcher Hinsicht die schwie=
rigere ist. Denn wäre sie die einfachere, so hätte man sich ihrer ja
schon vorher bedienen können, da sie das früher bekannte Tatsachen=
gebiet jedenfalls mitumfassen muß.

Das Messen.

Der Relativitätstheorie, mit der wir uns hier beschäftigen wollen,
liegen nun Hypothesen zugrunde, die die allerersten Voraussetzungen
der ganzen Physik betreffen. Sie ist nämlich eine Antwort auf die
Frage, ob unsere physikalischen Messungen und Bestimmungen sich
auf einen durch die Natur gegebenen Raum und eine der ganzen
Welt gemeinsame, gewissermaßen an einer Weltenuhr ablaufende
Zeit beziehen, d. h. ob sie absolute Messungen[1] sind, oder ob

1) Dieser Begriff der „absoluten" Messung hat nichts zu tun mit dem
anderen des „absoluten Maßsystems". Denn das ist der Name für ein ganz
bestimmtes, unter den Physikern verabredetes, auch als „wissenschaftliches"
bezeichnetes Maßsystem, das als Grundmaße das Zentimeter, das Gramm
und die Sekunde benutzt.

sie sich nur auf jeweils durch Verabredung bestimmte Körper und Uhren beziehen, d. h. relative sind. Wir können also nicht umhin, uns mit diesen Grundlagen der Physik vertraut zu machen, um uns an die Problemstellung unseres eigentlichen Themas heranzuarbeiten.

Um an einer Erscheinung etwas messen zu können, müssen wir zunächst voraussetzen, daß an den Erscheinungen überhaupt etwas vorhanden ist, das wir als Größe bezeichnen dürfen, das meßbar ist. Solch eine meßbare Größe an den Erscheinungen ist nicht immer unmittelbar auffindbar. Man kann z. B. die Farben sehr wohl in eine Ordnung nach Ähnlichkeit bringen, aber der Messung zeigen sich die Farben nicht so unmittelbar zugänglich. Um zu messen, ist es notwendig, eine Maßeinheit oder kurz ein Maß festzusetzen. Dieses Maß muß eine Erscheinung der gleichen Art sein wie das zu Messende. Im übrigen ist seine Größe beliebig. Das Messen besteht nun darin, festzustellen, wie oft von einem angenommenen Anfangspunkt aus das Maß gesetzt werden muß, damit die Summe dieser Maßeinheiten der zu untersuchenden Größe an der betrachteten Erscheinung gleichkomme.

Wir sehen also, daß es ebenso viele Maße geben muß als Arten zu untersuchender Erscheinungen. Es muß ein Maß für Längen geben, ein anderes für Flächen und ein weiteres für Räume; ein Maß für Zeiten, für Temperaturen, für Kräfte, für Geschwindigkeiten usw. Die Reihe, die hier aufzuzählen wäre, ist unabsehbar. Bei näherer Betrachtung dieser Maße ergibt sich nun aber, daß zwischen vielen von ihnen gewisse Zusammenhänge bestehen. Man mißt z. B. Kräfte mit Hilfe von Längen und Zeiten, Beschleunigungen und Massen usw. Es ist nun möglich gewesen, eine sehr große Anzahl physikalischer Maße auf drei Grundmaße zurückzuführen. Als diese drei Grundmaße sind im wissenschaftlichen Maßsystem eine Längeneinheit, eine Zeiteinheit und eine Masseneinheit angenommen worden.

Solche Maßeinheiten festzulegen, ist nun aber nicht ohne jede Schwierigkeit möglich. Ein brauchbares Maß muß so beschaffen sein, daß es seiner Größe nach möglichst unveränderlich ist und namentlich sich auch während des Messens nicht ändert.

Stellt man also z. B. ein Längenmaß aus irgendwelchem Material her, so muß man vor allen Dingen dafür sorgen, daß der

Maßstab sich nicht von selbst ändert. Wir kennen mancherlei Einflüsse, die einen aus dem besten Material hergestellten Maßstab in seiner Länge zu beeinflussen vermögen, so insbesondere die Temperatur. Soweit uns solche Umstände bekannt sind, können wir sie ja nun bei Messungen in Rücksicht ziehen, die Messung korrigieren und ihren Einfluß in weiten Grenzen unschädlich machen. Solche Einflüsse lassen sich verhältnismäßig leicht feststellen, wenn verschiedene Körper in verschiedenem Grade von ihnen betroffen werden. So ist es z. B. bei der Ausdehnung durch die Temperatur der Fall. Nehmen wir aber einmal an, daß alle Körper, gleichviel aus welchem Material sie bestehen mögen, von dieser Veränderung betroffen werden, wie wäre es dann möglich, diese Veränderung festzustellen? Wir wollen uns der besseren Veranschaulichung halber ein Beispiel dazu ersinnen. Nehmen wir an, alle Körper würden bei einer Bewegung in der Bewegungsrichtung verkürzt. Wir wollen von den möglichen Ursachen dieser von uns jetzt angenommenen Verkürzung ganz absehen. Sie könnte ja vielleicht durch die Einwirkung eines den Raum erfüllenden Mediums, wie es der Äther etwa sein soll, eine Erklärung finden. In diesem Falle würden also z. B. alle Körper auf der Erde in Richtung ihrer Bewegung verkürzt werden. Die Verkürzung kann ja so gering sein, daß uns die Veränderung der Körper, wenn wir sie drehen, nicht auffällt; vielleicht könnte auch die entsprechende Veränderung unseres Auges den Erfolg haben, daß wir diese Verkürzung nicht unmittelbar wahrnehmen. Unserem Messen aber würde sie sich jedenfalls entziehen, denn jeder Maßstab würde ja, wenn ich mit ihm den zu untersuchenden Gegenstand einmal quer und einmal längs zur Erdbewegung liegend untersuchen wollte, ebenfalls mitverkürzt werden und uns daher dieselbe Länge für beide Fälle angeben. Und diesem Übelstand ist nicht abzuhelfen. Wir sehen hier also, daß bei der Festsetzung von Maßen gewisse Annahmen unumgänglich sind, deren Richtigkeit nicht so ohne weiteres geprüft werden kann. So nehmen wir also insbesondere von unseren Längenmaßstäben an, daß sie starre Körper sind, d. h. daß sie ihre Länge weder dadurch verändern, daß wir sie beim Messen nach und nach an verschiedene Orte bringen, noch dadurch, daß wir sie drehen, noch durch irgendeine andere Bewegung, die mit ihnen ausgeführt wird. Aber wie gesagt sind das Annahmen, insbesondere Annahmen, die sich im großen und ganzen bei unseren Versuchen, physikalische Erfahrungen einheitlich zusammenzufassen, bewährt und uns gute Dienste geleistet haben. Keineswegs sind es unumstößliche Gewißheiten, Notwendigkeiten oder Selbstverständlichkeiten, die einer Prüfung durch die Erfahrung weder fähig noch bedürftig wären.

Ebenso sind gewisse Annahmen zu machen bei der Festlegung der Masseneinheit. Wir müssen dabei insbesondere voraussetzen, daß die Masse eines Körpers nicht von selbst mehr oder weniger wird, daß wir also einen Körper von bestimmter, unveränderlicher Masse aufheben oder immer wieder herstellen können, ebenso daß die Masse eines Körpers sich durch Bewegung nicht ändert, und sie soll auch von Temperatur und Luftdruck unabhängig sein. Da man alle diese Annahmen macht, kann man als aufhebbare Masseneinheit also einen beliebigen festen Körper wählen, der chemischen Einwirkungen möglichst wenig unterliegt. Man muß sich übrigens wohl hüten, die Masse eines Körpers mit seiner Materie zu verwechseln. Zwei Körper aus ganz verschiedenem Material können dieselbe Masse haben. Auch wäre es durchaus denkbar, daß sich die Masse eines Körpers änderte, ohne daß sich die Quantität des ihn bildenden Stoffes vermehrte oder verminderte. Daß dies nicht geschieht, ist eine Grundannahme — wenn man will: ein Grundsatz — der Physik, ausgesprochen im Satz von der Erhaltung der Masse, aber durchaus keine Selbstverständlichkeit. Das eigentümliche Kennzeichen der Masse ist ihr Widerstand gegen bewegende Kräfte, ihre Trägheit. Praktisch sind bekanntlich als Längenmaß das Meter, als Massenmaß das Kilogramm gewählt, und die Einheitskörper selbst werden in Paris im Archiv aufbewahrt.

Schwierigkeiten besonderer Art gibt es nun bei der Festlegung einer Zeiteinheit. Eine Zeiteinheit kann ja nicht als solche aufgehoben werden. Sie muß vielmehr so festgelegt werden, daß es jederzeit möglich ist, durch geeignete Apparate Zeiteinheitsabschnitte angeben zu lassen. Es wird also notwendig sein, den Apparat zu bestimmen, der die Zeiteinheit liefern soll. Wie kann aber ein solcher Apparat bestimmt werden, wie kann man sich vergewissern, daß die Zeiten, die er gibt, alle gleich sind? Nehmen wir etwa ein Pendel an. Wie kann bestimmt werden, ob seine Schläge gleiche Zeitabschnitte markieren? Auf unser Taktgefühl können wir uns doch nicht sicher genug verlassen, denn eine sehr allmähliche Ände rung des Taktes würden wir gewiß nicht bemerken. Vergleich mit einem anderen Zeitmesser ist auch nicht möglich, weil es sich ja um die allererste Festlegung von Zeitmessungen überhaupt handelt. Es bleibt also nichts übrig, als wieder eine Annahme zu machen, mit einer gewissen Willkür irgendeine periodische Bewegung, d. h. eine solche, die sich ständig in derselben Weise wiederholt, herauszugreifen und als zeitmessende Bewegung festzulegen. Als solche Bewegung, als Zeitmeßeinrichtung also, dient uns die Erddrehung. Wir nehmen somit an, daß sich die Erde „gleichmäßig" dreht. Den 86 400 Teil einer Umdrehung nehmen wir dann als Zeiteinheit unter der Bezeichnung Sekunde. Nun freilich ist diese Festsetzung nicht ganz willkürlich gewesen. Macht man nämlich diese Annahme, so gibt es noch eine ganze Anzahl periodischer Bewegungen, die dann ebenfalls gleichmäßig erfolgen. Insbesondere können dann, wie die Erfahrung zeigt, die Schläge eines Pendels als Zeitmaß genommen werden, und unsere Aussagen über Geschwindigkeitsgrößen und deren Zusammenhang mit anderen mechanischen Größen, die ja alle vom Zeitmaß abhängig sind, nehmen unter der Voraussetzung einer gleichmäßigen Erddrehung und damit also des Pendels als Zeitmeßinstrumentes den einfachsten Ausdruck an.[1]) Ein solches Zeitmeßinstrument geeigneter Form bezeichnen wir dann als U h r und legen es unseren Zeitmessungen zugrunde.

II. Die Bewegung und das Koordinatensystem.

Wir haben soeben die Voraussetzungen untersucht, die es uns gestatten, Messungen vorzunehmen, und müssen uns jetzt der Frage zuwenden, welchen Einfluß auf physikalische Beobachtungen und Beschreibungen der Beobachter selbst hat oder besser der Standpunkt, den der Beobachter einnimmt. Denn von den persönlichen Eigenschaften des Beobachters, die natürlich auch seine Untersuchungen beeinflussen, sehen wir ab. Wir denken uns einen vollkommenen

---

1) Ja, der eigentliche Weg der Festlegung ist sogar der umgekehrte. Aus dem durch unser Taktgefühl einigermaßen verbürgten Gleichmaß der Pendelschläge haben wir auf die gleichförmige Erddrehung geschlossen und diese dann erst nachträglich zum Maß aller Zeit gemacht. Es hat also guten Grund, wenn wir im folgenden das Pendel als Zeitmesser in die erste Linie rücken.

Beobachter, der von allen menschlichen Schwächen frei ist, aber einen Standpunkt wie ein endliches Wesen soll er haben. Wir wollen ihm keine übermenschlichen Eigenschaften zuschreiben, sondern nur die menschlichen, aber diese in Vollkommenheit.

Relative oder absolute Bewegung.

Wir denken uns nun einen großen leeren Raum und in diesem Raum zwei Weltkörper. Auf jedem dieser Weltkörper soll sich ein Beobachter befinden. Wir unterscheiden sie als A und B. Außer diesen beiden Weltkörpern und ihren Beobachtern ist im ganzen Raume nichts wahrnehmbar. Es nehme nun A auf seinem Weltkörper einen festen Stand ein und beobachte den Weltkörper B. Wir nehmen an, er findet, daß der Weltkörper B seinen Augen nach der Seite zu entschwindet, daß er ihn aber fortwährend im Auge behält, wenn er sich an seinem Orte um seine eigene Achse dreht. Diese Erscheinung kann sich der Beobachter A auf recht verschiedene Weisen erklären. Die nächstliegende Annahme wird für ihn sein, daß sich der Körper B in Bewegung befindet. Denn sein eigener Zustand wird ihm wahrscheinlich als ein Ruhezustand erscheinen. Er wird also annehmen, daß der Körper B sich um seinen eigenen Weltkörper herumbewegt. Ist der Beobachter aber von etwas kritischer Gemütsart, so wird er sich vielleicht sagen, daß sich seine Beobachtungen auch dann ergeben müßten, wenn etwa sein eigener Weltkörper um seine Achse rotierte, der Körper B aber an seinem Orte bliebe. Und es wird ihm vielleicht auch noch eine dritte Möglichkeit in den Sinn kommen, daß nämlich sein eigener Weltkörper, ohne sich um seine Achse zu drehen, um den anderen Körper herum eine Kreisbahn beschreibt. Welche dieser drei Annahmen ist die richtige? so wird er vielleicht grübeln. Und wenn er auf diese Frage lange keine Antwort gefunden hat, so wird er doch sicherlich Trost finden in dem Gedanken, daß er wenigstens einen Leidensgefährten in seiner Trübsal hat, nämlich den Beobachter B. Versetzen wir uns doch einmal an dessen Stelle. Wir wollen uns denken, der Beobachter B, der auch einen festen Standpunkt auf seiner Welt eingenommen hat, der sehe nun den Weltkörper A immerfort in derselben Richtung vor sich, aber er sehe immer wieder und wieder andere Seiten seines Gegenübers, bis nach einer geraumen Zeit sich ihm der ursprüngliche Anblick wieder darbietet. Wie wird sich B das erklären? Selbstsicher, wie

er ist, wird er vermutlich zunächst auch glauben, daß seine Welt
der ruhende Pol ist und daß „der andere" sich um sich selbst
dreht, um ihm so das Schauspiel seiner verschiedenen Seiten zu
bieten. Aber auch ihm kommt allmählich die kritische Besinnung.
Könnte es nicht auch so sein, daß A stillsteht und er selbst sich so um
A dreht, daß sein Weltkörper sich einmal um die eigene Achse dreht,
während er A einmal umrundet. Ja, bliebe nicht schließlich auch
noch denkbar, daß außer dieser seiner eigenen Bewegung auch A
sich noch um sich selbst dreht?

Wie ist aus diesem Dilemma herauszufinden? Welches ist die
wahre Ansicht, wie verhält sich die Sache in Wirklichkeit? So wird
sich der Beobachter fragen, so haben sich die Menschen gefragt, die
sich doch in einem ganz ähnlichen Fall befunden haben und befinden. Bewegen Sonne, Mond und Sterne sich in 24 Stunden
einmal in rasendem Fluge um die Erde herum, oder dreht sich die
Erde jeden Tag einmal um ihre Achse? Umkreisen Sonne und Planeten in teils ganz merkwürdigen Bahnen, die sich um ihre Achse
drehende, aber im Raume still stehende Erde, oder führt die Erde
außer ihrer Drehbewegung noch eine zweite fortschreitende Bewegung aus, indem sie die Sonne in einem Jahre in nahezu kreis-
förmiger Bahn umfliegt? Jahrtausende hindurch haben die Menschen der Erde einen festen Platz zugewiesen, sie als den Mittelpunkt
der Welt betrachtet, um den sich die Gestirne drehen, Jahrhunderte
erst wohnt der Gedanke unter den Menschen, daß die Erde mit vielen
ihresgleichen in stetem Fluge sich um die Sonne bewege und mit
dieser gemeinsam noch womöglich eine Reise durch das große Welt-
gebäude ausführe, deren Ziel wir vorläufig nicht ermessen können.

Wie ist dieser Umschwung des Denkens zustande gekommen? Die
Astronomie war schon in alten Zeiten ein verhältnismäßig gut ent-
wickelter Zweig der Wissenschaften, und die Gelehrten waren mit den
Bahnen der Wandelsterne unter den festen wohl vertraut. Diese
Bahnen waren aber von sonderbarer Form und entsprachen gar nicht
dem Begriff der Vollkommenheit, den die Alten mit den himmlischen
Dingen zu verbinden pflegten. Eine vollkommene Bewegung war
ihnen eine Bewegung in einer Kreisbahn. Die Planeten wanderten
aber auf wunderlichen Wegen am Himmel. Sie gingen vorwärts
und wieder zurück, sie beschrieben merkwürdige Schleifen, und je
genauer man sie beobachtete, desto verschnörkelter wurde die Bahn,

die man fand. Das Altertum und das ganze Mittelalter, soweit es der Astronomie zugetan war, behalf sich hier mit den „Epizykeln", den Kreisen auf den Kreisen.

Da trat mit einemmal eine Wendung ein, die dieses ganze System ebenso schön ausgeklügelter wie komplizierter Vorstellungen über den Haufen warf und durch eine einzige, ganz einfache Vorstellung ersetzte, freilich durch eine Vorstellung, die jener Zeit als Revolution erschien. Kopernikus lehrte, daß nicht die Sonne und die Gestirne sich um die Erde bewegen, sondern daß die Erde in einem Jahr die Sonne umkreise und außerdem in 24 Stunden sich einmal um ihre eigene Achse drehe. [1])

Welch ein Schritt vorwärts in der Entwicklung der menschlichen Gedankenwelt! Und doch, wie wenig wurde der Schritt damals in seiner eigentlichen Bedeutung verstanden! Unter schweren Kämpfen brach sich die neue Anschauung Bahn, und als sie den Sieg errungen hatte, da erschien sie den Menschen als d i e neue Wahrheit. Kopernikus hatte recht, und Ptolemäus war nun abgetan. Die Erde bewegte sich, und die Sonne stand still. Die alte Lehre war falsch, die neue Wahrheit hatte sich die Welt erobert. So erschien es den meisten Menschen jener Zeit, so erscheint es auch heute noch vielen.

Welche Gründe aber konnten denn die Neuerer für ihre Ansichten vorbringen, mit welchen Argumenten war denn Ptolemäus und sein System zu widerlegen? Hatte man nicht auch vor den Zeiten des Kopernikus die Bewegungen der Gestirne berechnen können, konnte man nicht ihre Bahnen mit Hilfe der Epizykeln ganz gut beschreiben? Gewiß, das alles muß zugegeben werden. Es war durchaus kein Fehler im Ptolemäischen System enthalten, der die Menschen gezwungen hätte, dieses System zu verlassen. Und dennoch hatte die neue Vorstellungsweise einen großen und unleugbaren Vorteil, das war ihre große Einfachheit und Übersichtlichkeit. Die Planeten führten Kreisbahnen um die Sonne aus, und alle die vielen beobachteten Schleifen der Bahnen erklärten sich daraus, daß wir die anderen Planeten ja nicht vom Mittelpunkt ihrer Bahn und überhaupt

---

1) Allerdings ist auch im Altertum die Lehre von der Erdbewegung schon vertreten worden, aber sie blieb doch immer Meinung einzelner, sie wurde nicht Gemeingut der Gelehrten und ging jedenfalls während des Mittelalters wieder gründlich verloren. Andererseits behielt auch Kopernikus noch gewisse Epizykeln bei, die erst Kepler beseitigte.

nicht von einem festen Punkt aus beobachten, sondern von einem Ge-
stirn aus, das sich selbst mit um den gemeinsamen Mittelpunkt bewegt.

Hat nun Kopernikus recht, und ist Ptolemäus widerlegt? Kopernikus hat zwar recht, aber Ptolemäus ist keineswegs widerlegt, hat
durchaus nicht unrecht. Vielmehr müssen wir aus diesem Beispiel
lernen, daß es möglich ist, **ein und dasselbe Geschehen auf
verschiedene Weise zu beschreiben**, je nach dem Standpunkt, den man einnimmt. Freilich wird es zweckmäßig sein, unter
einer großen Anzahl möglicher Beschreibungen sich stets diejenige
herauszusuchen, die die einfachste ist, und das erreichen wir in diesem Fall, indem wir die Sonne als ruhenden Zentralkörper und die
Erde als bewegt ansehen. Wenn wir das so tun, so müssen wir uns
wohl hüten zu meinen, daß wir eine absolute Erkenntnis damit gewonnen hätten, daß wir wüßten, die Sonne ruhe wirklich und die
Erde sei bewegt. Nichts anderes tun wir, als daß wir den Standpunkt unserer Betrachtung auf die Sonne verlegt denken und von
ihr aus die Bahnen der Planeten beschreiben. Wir müssen uns klar
machen, daß uns die **Beschreibung einer Bewegung überhaupt nur möglich ist, wenn wir einen bestimmten
Standpunkt dabei zugrunde legen, auf den wir die
Bewegung beziehen.** Welchen Standpunkt wir aber wählen
wollen, das steht uns zunächst noch völlig frei. Das ist die erste
Relativitätseinsicht, die wir gewinnen, die Einsicht, daß wir
eine Bewegung immer nur in bezug auf einen bestimmten, und zwar
physikalisch bestimmten, Standpunkt beschreiben können, nicht aber
absolut etwa in bezug auf den leeren Raum.

Das Koordinatensystem.

Es ist nun zweckmäßig, uns mit einem Körper, den wir als Standpunkt für die Beschreibung irgendeiner Bewegung wählen, stets ein
Koordinatensystem fest verbunden zu denken, d. h. drei aufeinander
senkrechte gerade Linien, die wir als die X-, Y- und Z-Achse unterscheiden, oder wir brauchten uns im Grunde genommen für die Beschreibung von Bewegungen statt des Körpers und der Linien nur
ein physikalisches Koordinatensystem zu denken, d. h. etwa drei aufeinander senkrecht stehende starre Stangen, die wir nebst ihren Verlänge-
rungen als die Achsen betrachten. Drei solche Achsen legen drei aufeinander senkrechte „Hauptebenen" fest, und es kann dann jeder Punkt

im Raume durch seine Abstände (die nach entgegengesetzten Richtungen positiv und negativ zu rechnen sind) von den Hauptebenen gekennzeichnet werden. Wir werden also im folgenden statt von festen Standpunkten auf Weltkörpern häufig schlechtweg von Koordinatensystemen sprechen. Wir können also dann die Tat des Kopernikus kurz so beschreiben: **Er dachte sich das Koordinatensystem, in bezug auf das er die Vorgänge am Himmel beschrieb, nicht mit der Erde, sondern mit der Sonne fest verbunden.**

Koordinatentransformation.

Wir wollen uns nun zunächst einmal überlegen, was sich bei der Beschreibung einer Bewegung verändert, wenn wir ein Koordinatensystem durch ein neues ersetzen. Der Bequemlichkeit halber gehen wir vom räumlichen Koordinatensystem mit seinen drei Achsen zum ebenen Koordinatensystem mit nur zwei Achsen über. Wir denken uns die Linie PQ (Fig. 1) als Bahn eines Körpers und nehmen ferner an, daß ihm im Punkte P die Geschwindigkeit zukommt, die der Pfeil PQ der Größe und Richtung nach darstellt. Wir bezeichnen sie mit q. Wir wollen nun diese Bewegung von drei verschiedenen Koordinatensystemen aus beschreiben, die wir entsprechend der Art, wie die Achsen unterschieden sind, als die Systeme K, K' und $K*$[1]) bezeichnen. Vergleichen wir zunächst die Beschreibung der Bewegung von den Systemen K und K' aus. In beiden Fällen wird die Bahn als eine gerade Linie erscheinen, die in beiden Fällen dieselbe Richtung gegen

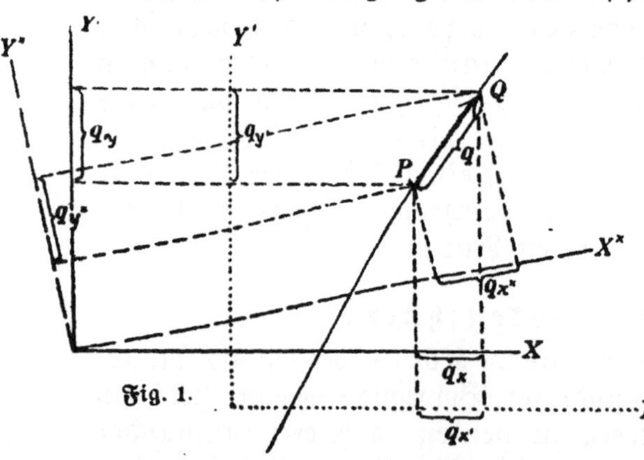

die Achsen hat. Der Körper wird nur zu verschiedenen Zeiten die X- und X'-Achse passieren und sie verschieden weit von den Anfangs-

---

1) Mit den Buchstaben K, K', $K*$ bezeichnen wir die Systeme selbst, diese Buchstaben können sich also in der Figur nicht finden. Die Achsen von K sind voll gezeichnet, die von K' punktiert und die von $K*$ lang gestrichelt. Die kurz gestrichelten Linien sind Hilfslinien.

punkten schneiden. Die Geschwindigkeit dagegen, die er in einem be=
stimmten Punkte hat, und deren beide Komponenten nach den Achsen
werden in beiden Systemen völlig übereinstimmen. Vergleichen wir
dagegen das System K^* mit K, so finden wir viel größere Abwei=
chungen. Die Richtung der Bahn ist gegen die X^*=Achse weniger ge=
neigt als gegen die X=Achse. Die Geschwindigkeit q zwar erscheint
als dieselbe im neuen System wie im alten. Aber ihre Komponenten
nach den Achsen sind nicht mehr die gleichen wie in K. Ersichtlich ist
q_x^* größer als q_x und q_y^* kleiner als q_y.

Den Übergang von einem Koordinatensystem zu einem anderen nun
nennt man eine Koordinatentransformation, und solche Größen,
die sich bei einer derartigen Transformation nicht ändern, bezeichnet
man als „Invarianten" der Transformation. Wir sehen also hier
z. B., daß für die Transformation eines Koordinatensystems in ein
anderes, das zu dem ersten eine feste Lage hat, die Geschwindigkeit
eine Invariante ist, ihre Komponenten sind es aber im allgemeinen nicht.

Transformationsgleichungen.

Eine der wichtigsten Aufgaben bei Koordinatentransformationen ist
es nun, Gleichungen aufzustellen, die die alten Koordinaten mit den
neuen in Verbindung setzen,
so daß, wenn man die Lage
eines Punktes in einem Sy=
stem kennt, man sie mit
Rücksicht auf das andere be=
rechnen kann. Unsere Fig. 2
zeigt, wie das z. B. für
zwei Systeme K und K'
möglich ist, die einen ge=
meinsamen Anfangspunkt
haben, von denen aber das
eine gegen das andere um

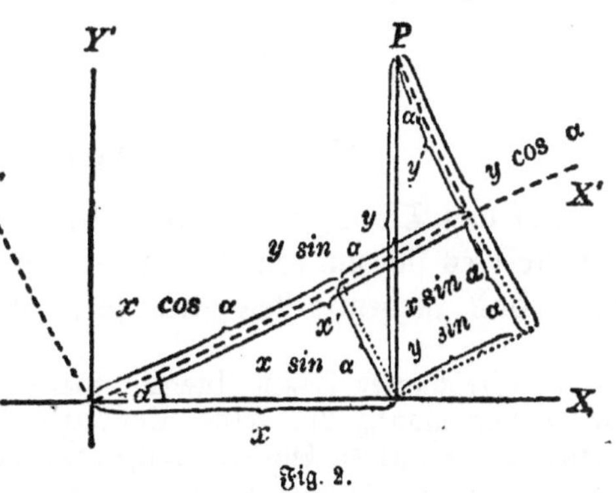

Fig. 2.

den Winkel α gedreht ist. Man entnimmt unmittelbar der Figur
leicht die Gleichungen:

$$x' = x \cos \alpha + y \sin \alpha$$

$$y' = - x \sin \alpha + y \cos \alpha$$

und sieht, daß die Koordinaten jedes Punktes im System K' mit Hilfe homogener[1]) linearer Gleichungen zu berechnen sind, wenn seine Koordinaten in K und der Winkel, den die Achsen von K mit denen von K' bilden, gegeben sind. Ganz analoge Gleichungen führen natürlich auch von K' nach K.[2]) Kennt man nun aber erst die Transformationsgleichungen für die Koordinaten, so findet man auch leicht diejenigen für die Überführung der Komponenten von Strecken und Vektoren[3]) aus einem System ins andere. Sie

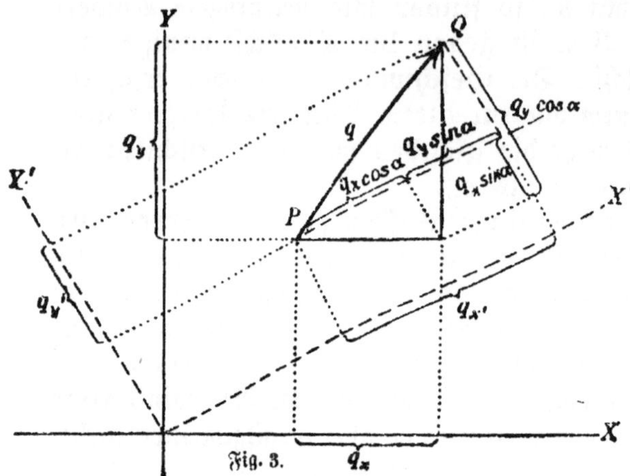

sind denen der Koordinaten ganz analog. Aus Fig. 3, in der der Pfeil PQ eine Geschwindigkeit im Punkt P darstellen möge und die Bezeichnungen wieder dieselben wie früher sind, entnimmt man direkt, daß

$$q_x' = q_x \cos \alpha + q_y \sin \alpha$$

$$q_y' = - q_x \sin \alpha + q_y \cos \alpha.$$

Bewegte Koordinatensysteme.

Bei den Transformationen, die wir bis jetzt vorgenommen haben, handelt es sich um den Übergang von einem System zu einem anderen, das zu dem ersten eine feste Lage hat. Wir können aber auch

---

1) Gleichungen heißen linear, wenn sie die Veränderlichen höchstens in der ersten Potenz und keine Produkte der Veränderlichen enthalten, d. h. wenn die einzelnen Glieder höchstens vom 1. Grade sind. Sie heißen homogen, wenn alle Glieder vom gleichen Grade sind.

2) Es ist dem solcher Überlegungen entwöhnten Leser zu empfehlen, diese Gleichungen mit Hilfe einer neuen Figur oder durch Rechnung abzuleiten. Sie lauten:

$$x = x' \cos \alpha - y' \sin \alpha$$

$$y = x' \sin \alpha + y' \cos \alpha.$$

3) Das sind Größen, die eine Richtung haben, wie die Geschwindigkeit

— und dieſer Fall iſt der intereſſantere und wichtigere — von einem
Syſtem zu einem zweiten übergehen, das ſich in bezug auf das erſte
in Bewegung befindet. Gerade das war ja die Leiſtung des Koper=
nikus, denn ein mit der Sonne feſt verbundenes Koordinatenſyſtem
befindet ſich nicht in Ruhe, in bezug auf ein ſolches, das mit der
Erde feſt verbunden iſt, und umgekehrt. Hier ſind die übergänge
von einem Syſtem zum anderen erheblich komplizierter. Man ſieht
ohne weiteres, daß z. B. ein Körper ſich in bezug auf das eine
Syſtem in Ruhe befinden kann, in bezug auf das andere aber be=
wegt iſt. Die Erde etwa ruht natürlich, mit allem was auf ihr
eine feſte Lage hat, in ihrem eigenen Koordinatenſyſtem, ſie bewegt
ſich dagegen in bezug auf die Sonne. Denkt man ſich ein Koordi=
natenſyſtem, das zwar die Bewegung der Erde um die Sonne, aber
nicht die tägliche Erddrehung mitmacht, ſo beſchreibt der Mond
in bezug auf dieſes Syſtem annähernd eine Kreisbahn mit der
Erde als Mittelpunkt, in bezug auf das Sonnenſyſtem dagegen eine
Epizykelbahn, die ſich von einem Kreiſe um die Sonne als Mittel=
punkt nur wenig unterſcheidet.

Bewegt ſich nun ein Körper in bezug auf das irdiſche Syſtem mit
unveränderlicher Geſchwindigkeit, alſo in gerader Linie, ſo iſt ſeine
Bahn von der Sonne aus betrachtet ſicher keine gerade Linie, ſondern
krumm. Dieſer Umſtand iſt nun von großer Wichtigkeit, denn er
gibt uns einen Grund an die Hand, unter allen möglichen Koordi=
natenſyſtemen eine große Anzahl auszuſcheiden, deren Benutzung
für phyſikaliſche Betrachtungen unzweckmäßig wäre. Nicht als ob es
unmöglich wäre, der Phyſik ein beliebiges Koordinatenſyſtem zu=
grunde zu legen. Aber genau ſo, wie die Einfachheit der Bahnen für
Kopernikus einen ausſchlaggebenden Grund lieferte, zum Sonnen=
ſyſtem überzugehen, genau ſo iſt die Einfachheit der Formulierung
phyſikaliſcher Geſetze ein Grund, beſtimmte Koordinatenſyſteme zu
bevorzugen.

Das Jnertialſyſtem.

Eine phyſikaliſche Grundannahme von beſonderer Einfachheit iſt
nun der Galilei=Newtonſche Trägheitsſatz, der beſagt, daß ohne Ur=
ſache kein Körper ſeinen Geſchwindigkeitszuſtand ändert, und wir
ſehen ſofort, daß dieſer Satz nicht ſo w o h l für das irdiſche Syſtem
als a u ch für das Sonnenſyſtem gelten kann.

Denn eine geradlinige und gleichförmige Bewegung im irdischen Koordinatensystem, die einzige, bei der sich der Geschwindigkeitszustand des Körpers nicht ändert, die also ohne Beschleunigung stattfindet, ist sicher nicht geradlinig in bezug auf die Sonne und umgekehrt. Es würde also ein Körper, auf den keine Kraft ausgeübt wird, in dem einen System sich geradlinig bewegen, im anderen dagegen nicht. Nun ist der Trägheitssatz von so grundlegender Bedeutung für die ganze Physik, daß es völlig verständlich ist, wenn man ihn zum Auswahlprinzip und Prüfstein von Koordinatensystemen macht.

Wir wollen ein solches Koordinatensystem, in dem der Trägheitssatz genau gültig ist, ein **Inertialsystem** (inertia, die Trägheit) oder auch ein **Galileisches System** nennen und einmal die verschiedenen naheliegenden Koordinatensysteme daraufhin ansehen, ob sie Inertialsysteme sind. Wie steht es zunächst mit dem irdischen System? Ist es ein Inertialsystem? Auf diese Frage kann uns nur der Versuch eine Antwort geben. Solch ein Versuch ist aber nicht ganz leicht anzustellen, denn wie soll man auf der Erde einen Körper der Einwirkung jeder Kraft entziehen? Das ist schlechterdings unmöglich. Man muß es also mit Vorgängen versuchen, bei denen die einwirkenden Kräfte sich gegenseitig möglichst aufheben, so daß im ganzen der Körper sich so bewegt, als ob keine Kraft auf ihn einwirkte, oder man muß versuchen, die durch genau bekannte Kräfte hervorgerufenen Geschwindigkeitsänderungen in Gedanken zu eliminieren, und zusehen, ob die so konstruierte Bewegung eine geradlinige und gleichförmige ist. In verschiedener Weise sind solche Versuche angestellt worden und haben ergeben, daß das irdische System kein Inertialsystem ist.[1]) Hier wird sich nun die Frage erheben, wie denn Galilei zur Aufstellung des Trägheitssatzes gekommen sein kann, wenn doch das Erdsystem gar kein Inertialsystem ist? Darauf ist zu antworten, daß für Vorgänge von kurzer Dauer das Erdsystem doch wenigstens annähernd mit einem Inertialsystem übereinstimmt. Wir werden darauf noch zurückkommen.

Wie steht es nun mit der Sonne? Ist das mit ihr fest ver

---

1) Näheres darüber findet der Leser in W. Brunner, Dreht sich die Erde? (Mathem.=Phys. Bibl. XVII.)

bundene Koordinatensystem genau ein Jnertialsystem? Auch das müssen wir verneinen. Aber ein Koordinatensystem, daß ziemlich angenähert mit einem Jnertialsystem übereinstimmt, erhalten wir doch, wenn wir die Sonne zum Anfangspunkt eines Systems machen, dessen Achsen wir durch die Richtungen nach bestimmten Fixsternen festlegen. Auch dieses, sagten wir, ist nur angenähert richtig, weil eben die Sonne und die Fixsterne sich, wenn auch sehr langsam, gegeneinander bewegen, und so werden wir wahrscheinlich fortgesetzt durch immer bessere Bestimmungen stets nur eine noch größere Annäherung an ein wirkliches Jnertialsystem bewerkstelligen, ohne seine genaue Festlegung jemals zu erreichen.

Wir lassen nun aber einmal die Frage, wie ein Jnertialsystem in der Praxis wirklich bestimmt werden kann, ganz beiseite. Wir wollen vielmehr einmal annehmen, es wäre uns gelungen, ein solches Jnertialsystem richtig zu bestimmen, und uns nun die Frage stellen, ob dieses das einzige solche System ist, oder ob es noch ein oder mehrere andere außer ihm gibt. Was war doch ein Jnertialsystem? Ein solches, in dem ein Körper, auf den keine Kraft ausgeübt wird, die Größe und Richtung seiner Geschwindigkeit unverändert beibehält. Nun haben wir aber gesehen, daß bei allen Koordinatentransformationen, die von einem System zu einem zweiten führen, das zu dem ersten eine feste Lage innehat, die Geschwindigkeit eine Jnvariante ist, d. h. ihrer Größe nach nicht geändert wird, und daß ferner eine geradlinige Bahn in dem einen Koordinatensystem auch als gerade Linie in dem anderen System erscheint. Wenn also ein Körper sich in bezug auf ein Koordinatensystem geradlinig gleichförmig bewegt, so bewegt er sich auch geradlinig gleichförmig in bezug auf jedes andere Koordinatensystem, das zu dem ersten eine feste Lage innehat. Das ist nun weiter nichts Wunderbares, ja das ist uns eigentlich so selbstverständlich, daß wir diese unendlich vielen möglichen Jnertialsysteme doch nur als eines behandeln.

Wenn wir nun also unter einem Jnertialsystem im weiteren Sinne die ganze Gruppe aller solchen Systeme verstehen, die zu einem Jnertialsystem im engeren Sinne eine feste Lage haben, so können wir nun wieder fragen: Gibt es nur dieses eine System, oder sind deren mehrere möglich? Wir haben vorhin schon gesehen, daß wir jedenfalls solche auszuschließen haben werden, die gegen das erste sich in drehender

Bewegung befinden. Wir wollen jetzt die einfacheren Fälle untersuchen. Wir denken uns zwei Koordinatensysteme K und K', die zur Zeit $t = 0$ mit ihren Anfangspunkten und entsprechenden Achsen aufeinanderfallen mögen. K' soll sich nun aber, ohne sich dabei zu drehen, mit der gleich= bleibenden Geschwindigkeit v in der Richtung der beiden X=Achsen be= wegen. Wir wollen die Gleichungen suchen, die zwischen den Koordi= naten des Systems K und denen des Systems K' bestehen, und wir

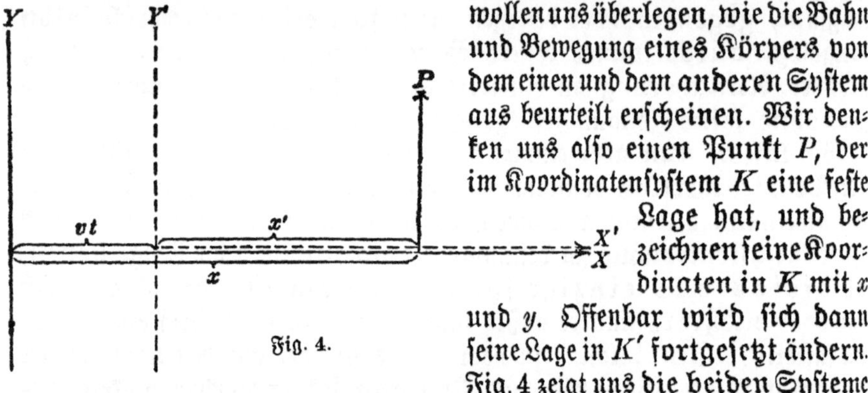

Fig. 4.

wollen uns überlegen, wie die Bahn und Bewegung eines Körpers von dem einen und dem anderen System aus beurteilt erscheinen. Wir den= ken uns also einen Punkt P, der im Koordinatensystem K eine feste Lage hat, und be= zeichnen seine Koor= dinaten in K mit x und y. Offenbar wird sich dann seine Lage in K' fortgesetzt ändern. Fig. 4 zeigt uns die beiden Systeme in einem bestimmten Augenblick, nämlich t Sekunden nach Beginn der Zählung, nach dem Zeitpunkt also, in dem sich die beiden Systeme ge= rade deckten. Offenbar hat das System K' inzwischen eine Strecke zu= rückgelegt, die gleich dem Produkt aus der Geschwindigkeit und der Zeit, d. h. der Zahl von Sekunden, ist, die es sich bis jetzt bewegt hat. Um dieses Stück vt nun sind die x=Koordinaten aller in K festen Punkte für K' verkürzt. Die y=Koordinaten dagegen — und, wenn wir ein räumliches System zugrunde legen, die z=Koordinaten — bleiben von dieser Bewegung ganz unbeeinflußt, so daß wir die fol= genden Transformationsgleichungen erhalten:

$$
(1) \quad
\begin{aligned}
x' &= x - vt & x &= x' + vt \\
y' &= y & y &= y' \\
z' &= z & z &= z'.
\end{aligned}
$$

Obwohl wir hier scheinbar einen Spezialfall behandeln, nämlich den der Bewegung des zweiten Systems in Richtung der X=Achse, um= faßt er doch für unsere Untersuchung den allerallgemeinsten Fall der Bewegung eines gleichförmig bewegten Koordinatensystems gegenüber einem ruhenden. Denn würde sich K' auf einer beliebigen geraden Linie bewegen, so dürften wir ja sicher diese Gerade zur X-Achse eines neuen Koordinatensystems machen, das in K eine feste Lage hat und somit auch selbst ein Inertialsystem ist. Was für unseren Spezialfall gilt, muß also notwendig auch für den allgemeinen gelten. Ist unser spezielles K' ein Inertialsystem, wenn K eines ist, so ist jedes zu einem Inertialsystem geradlinig gleichförmig bewegte System ebenfalls ein Inertialsystem.

Um diese Frage näher zu untersuchen, betrachten wir nochmals unseren Punkt P. Er sollte in K ruhen. Dann bewegt er sich aber offenbar in K', und zwar mit der Geschwindigkeit v, und um die Richtung dieser Geschwindigkeit zu charakterisieren — er bewegt sich entgegen der Richtung der positiven X'-Achse — sagen wir, daß ihm die Geschwindigkeit $-v$ zukommt. Ein Punkt also, der in K ruht, hat in K' die Geschwindigkeit $-v$. Nun denken wir uns einen weiteren Punkt Q (der nicht in die Figur eingezeichnet ist), der sich in bezug auf K mit der Geschwindigkeit q in der Richtung der positiven X-Achse bewegen soll. Wie bewegt sich dieser Punkt von K' aus betrachtet? Es ist leicht zu sehen, daß ein Beobachter in K' ihm nur eine kleinere Geschwindigkeit zuschreiben würde, und zwar eine um so viel verminderte, als des Beobachters Eigengeschwindigkeit gegenüber K beträgt. Verstehen wir also unter q' die Geschwindigkeit des Punktes Q in K', so gilt ersichtlich die Beziehung:

$$(2) \qquad q' = q - v \quad \text{oder} \quad q = q' + v.$$

Nehmen wir nun schließlich an, ein Punkt R bewege sich in K in einer beliebigen Richtung, also etwa schräg gegen die beiden Achsen, so können wir seine Geschwindigkeit q nach dem bekannten Satz von dem Parallelogramm der Geschwindigkeiten in die beiden Komponenten q_x und q_y zerlegen. Von K' aus betrachtet wird dann die x-Komponente der Geschwindigkeit wieder um v vermindert erscheinen, während die y-Komponente durch eine Bewegung in Richtung der X-Achse natürlich gar nicht beeinflußt werden kann. Wir erhalten also als Transformationsgleichungen für die Geschwindigkeit von einem System zu einem zweiten, das in bezug auf das erste in Richtung der positiven X-Achse gleichförmig bewegt ist, wenn wir jetzt von der Ebene zum Raum übergehen, die drei Gleichungen:

$$(3) \qquad \begin{aligned} q'_x &= q_x - v \\ q'_y &= q_y \\ q'_z &= q_z \end{aligned} \quad \bigg| \quad \begin{aligned} q_x &= q'_x + v \\ q_y &= q'_y \\ q_z &= q'_z. \end{aligned} \text{[1]}$$

Sind nun q_x, q_y und q_z unveränderliche Größen, d. h. also, ist q der Richtung und Größe nach konstant, ist ferner v stets dasselbe, so sind auch die Komponenten von q' und mithin ist q' selbst unveränderlich. Hiermit haben wir nun einen sehr wichtigen Satz gewonnen: Ein Körper, der sich in einem Koordinatensystem mit einer beliebigen, aber unveränderlichen Geschwindigkeit in gerader Linie bewegt, bewegt sich in jedem anderen Koordinatensystem, das zu dem ersten geradlinig gleichförmig bewegt ist, zwar mit einer der Größe nach anderen Geschwindigkeit als im ersten System, aber doch auch wieder mit unveränderlicher Geschwindigkeit und geradlinig. Gilt also der Trägheitssatz für das eine System, so gilt er auch für jedes System, das sich zu ihm in geradlinig gleichförmiger Bewegung befindet. Ist also das erste System ein Inertialsystem, so ist es auch jedes der eben gekennzeichneten Systeme.

Wenige und leichte Überlegungen zeigen uns ferner, daß ein Körper, der in K eine beschleunigte Bewegung ausführt, sich auch in K' beschleunigt bewegt und daß die Größe seiner Beschleunigung in beiden Systemen dieselbe ist. Denken wir uns nämlich die Beschleunigung des Körpers in K, wie vorhin die Geschwindigkeit, in Komponenten zerlegt, so können die Beschleunigungskomponenten in Richtung der Y- und Z-Achse von der von uns angenommenen Bewegung längs der X-Achse überhaupt nicht betroffen werden. Aber auch die x-Komponente der Beschleunigung kann sich nicht ändern. In jedem Augenblick ist nach den Gleichungen (3) $q'_x = q_x - v$. Wächst also q_x in der Sekunde um einen bestimmten Betrag, so wächst, wie die Gleichung zeigt, q'_x um den nämlichen Betrag. Die Beschleunigung eines Körpers, die ja nichts anderes ist als der Geschwindigkeitszuwachs des Körpers in der Sekunde, wird also von allen solchen Systemen aus hinsichtlich ihrer Größe als gleich beurteilt, die sich nur in gleichförmiger Translationsbewegung gegeneinander befinden.[2]

---

1) Der mit der Differentialrechnung bekannte Leser leitet sich natürlich diese Formeln direkt aus den Gleichungen (1) S. 22 ab, indem er für $q_x = dx/dt$, für $q'_x = dx'/dt$ usw. setzt.

2) Alle diese Dinge macht sich der der Mathematik fernerstehende Leser

Wir könnten nun die gleiche Untersuchung anstellen für zwei Koor=
dinatensysteme, die ungleichförmig gegeneinander bewegt sind. Denken
wir uns auch hier den einfachsten Fall, daß nämlich K' gegen K sich
in gleichförmig beschleunigter Bewegung in Richtung der positiven
X=Achse befindet. Schon der erste Blick zeigt uns hier ganz andere Ver=
hältnisse. Ein in K ruhender Körper würde nämlich offenbar in K'
eine gleichförmig beschleunigte Bewegung in Richtung der negativen
X=Achse aufweisen. Wirkt aber auf den Körper keine Kraft ein, d. h.
ist K ein Inertialsystem, so erscheint dieser Körper in K' beschleunigt
bewegt, obwohl keine Kraft ihm diese Beschleunigung erteilt, K' ist
also kein Inertialsystem.

Fassen wir alles das, was wir jetzt abgeleitet haben, zusammen, so
müssen wir feststellen: Wenn es e i n Inertialsystem (im weiteren
Sinn) gibt, so gibt es deren unendlich viele. Jedes andere System
ist nämlich ebenfalls ein Inertialsystem, das sich zu dem ersten
nur in einer gleichförmigen Translationsbewegung befindet.

Wir erkennen jetzt auch, woher es kommt, daß das i r d i s c h e S y =
s t e m annähernd ein Inertialsystem für hinreichend kurze Vorgänge
ist. Die Erde führt zwei Bewegungen gegen dasjenige System, das
wir uns mit Hilfe der Sonne und des Fixsternhimmels festgelegt
denken, aus. Erstens bewegt sie sich im Kreise um die Sonne, und
zweitens dreht sie sich um sich selbst. Denken wir uns nun einen
Punkt am Äquator und untersuchen wir seine Bahn während einer
halben Stunde. Er beschreibt den 48. Teil eines Kreises infolge der
Erdrotation, die Erde dreht sich hierbei um $7^1/_2{}^0$. Der Leser mag
selbst versuchen, in einen Kreis ein regelmäßiges 48=Eck einzuzeich=
nen und wird sich dabei gut davon überzeugen, daß man sehr an=
genähert auf einer so kurzen Strecke den Kreisbogen durch die
Sehne ersetzen darf. Betrachten wir aber nun gar die Bewegung
der Erde um die Sonne, so beträgt das in der halben Stunde
zurückgelegte Wegstück wenig mehr als 1″ und darf also mit noch
weit besserer Annäherung durch die Sehne ersetzt werden. Da nun
die Rotationsgeschwindigkeit völlig und die Bahngeschwindigkeit an=

---

leicht an den in gleichförmiger Translationsbewegung zueinander befind=
lichen Koordinatensystemen der Erde und eines fahrenden Eisenbahnzuges
klar, während sie derjenige, der mit den Anfangsgründen der Differential=
rechnnng bekannt ist, wieder leicht aus den Gleichungen (1) S. 22 entnimmt.
wenn er $b = d^2x/dt^2$ und $b' = d^2x'/dt^2$ setzt.

nähernd gleich bleibt, so darf man jede der beiden Bewegungen auf einem hinreichend kleinen Stück Weges als geradlinig gleichförmig behandeln. Sie addieren sich nach dem Parallelogramm der Geschwindigkeiten und geben eine Resultierende, für welche nun allerdings die Bahngeschwindigkeit gegenüber der Rotationsgeschwindigkeit ausschlaggebend ist. Denn in ihrer Bahn legt die Erde annähernd 30 km/sec zurück, bei der Rotation aber ein Punkt des Äquators nur 426 m/sec.

Welche Bedeutung hat es nun, daß es nicht nur ein, sondern mehrere, ja unendlich viele Inertialsysteme gibt? Der Trägheitssatz — der seit Galilei in der Wissenschaft festen Fuß gefaßt hat — ist auch das erste der drei grundlegenden Gesetze, die Newton für die Mechanik aufgestellt hat. Das zweite besagt, daß die Kraft nach Richtung und Größe der durch sie hervorgerufenen Beschleunigung proportional sei. Auch dieses Gesetz gilt in dem den oben erörterten Bedingungen genügenden System K', wenn es in K gilt, denn wir haben gesehen, daß die Beschleunigung in K' dieselbe ist wie in K, und von der Kraft wollen wir annehmen, daß sie in ihrer Größe von Koordinatentransformationen unberührt bleibt. Das dritte Newtonsche Gesetz, das Gesetz von der Gleichheit der Wirkung und Gegenwirkung, schließlich besagt, daß, wenn ein Körper A auf einen Körper B eine Kraft ausübt, stets auch der Körper B auf den Körper A eine Kraft ausübt, die der ersten der Größe nach gleich, der Richtung nach entgegengesetzt ist. Dieses dritte Gesetz wird ersichtlich nach dem, was wir soeben über die Kräfte festgesetzt haben, von Koordinatentransformationen überhaupt nicht berührt. Wir können somit sagen, daß im System K', das gegen K geradlinig gleichförmig bewegt ist, die drei Newtonschen Gesetze gelten, wenn sie in K gelten.

Die drei Newtonschen Gesetze nun sind natürlich Erfahrungssätze. Sie sind aber eine so glückliche Zusammenfassung unserer gesamten mechanischen Erfahrungen, daß sie allein vollständig ausreichend sind, um alle Fragen der Mechanik zu beantworten, soweit wir diese überhaupt beantworten können. Alle anderen Sätze der Mechanik können aus diesen drei, deshalb Axiome genannten Gesetzen abgeleitet werden. Das besagt nun aber, daß nicht nur die drei Newtonschen Axiome, sondern alle mechanischen Gesetze in K' gelten, wenn sie in K gelten. Wir können diesen Gedanken auch so wenden: Denken wir uns auf einem in K und einem zweiten in K' ruhenden Weltkörper je einen

Beobachter. Beiden soll ein wohlausgestattetes physikalisches Labora=
torium zur Verfügung stehen, das aber so eingerichtet ist, daß nur
mechanische Versuche darin ausgeführt werden können, dann können die
beiden Beobachter auf keine Weise entscheiden, welcher der beiden Welt=
körper „wirklich" ruht und welcher bewegt ist. Denn der gegenseitige
Anblick wird beiden nur zeigen, daß sie gegeneinander bewegt sind,
was nichts über ihre „absolute" Bewegung aussagt, und die Gesetze
der Mechanik werden sich auf dem einen Körper als ganz dieselben
erweisen wie auf dem anderen.

Diese Einsicht, die da besagt, daß es unter allen gleichförmig
geradlinig gegeneinander bewegten Koordinatensystemen keines gibt,
das für die mechanisch=physikalische Betrachtung ausgezeichnet wäre,
liefert uns das Relativitätsprinzip der Mechanik.

III. Der Bewegungszustand des Äthers. Aberration und Dopplerprinzip.

Das vorige Kapitel hat uns bis zu der Einsicht geführt, daß
alle Körperbewegung physikalisch nur unter Angabe eines Bezugs=
systems beschrieben werden kann. In der Wahl des Bezugssystems
sind wir zunächst völlig frei. Sollen die mechanischen Gesetze aber
einen möglichst einfachen Ausdruck finden, so müssen wir ein Iner=
tialsystem benutzen. Allein auch diese Einschränkung macht die Wahl
des Koordinatensystems noch nicht zu einer eindeutigen. Es bleiben
vielmehr noch unendlich viele Koordinatensysteme zur Auswahl, die
alle der Anforderung genügen, daß in ihnen das Trägheitsgesetz
erfüllt ist. Wir können also von einer absoluten Bewegung auch
nicht einmal dann sprechen, wenn wir darunter die Bewegung in
einem Inertialsystem verstehen, weil es eben nicht nur ein Iner=
tialsystem gibt, sondern deren unendlich viele. Gibt es nun unter
all den Inertialsystemen vielleicht eines, das eine
besondere Auszeichnung verdient, das irgendeinen Vor=
zug in physikalischer Hinsicht aufweist?

Wir haben ja bis jetzt nur die Mechanik berücksichtigt, d. h. den
Teil der Physik, der sich mit der Körperbewegung befaßt. Es gibt
nun aber noch andere Arten der Bewegung, bei denen nicht Körper
von einem Ort an den andern gebracht werden, sondern ein Vor=

gang oder Zustand sich in einem Medium ausbreitet. Solche Vorgänge sind etwa die Ausbreitung des Schalles, der Wärme, des Lichtes, der Elektrizität. Es wird sich also fragen, ob vielleicht diese Vorgänge uns die Auswahl eines bestimmten Koordinatensystems nahelegen.

Ohne uns allzuweit auf die Begründung dieser Behauptung einzulassen, können wir doch von vornherein sagen, daß Schallausbreitung und Wärmeleitung hier nicht in Betracht kommen, denn das sind Vorgänge, die in Körpern und nur in Körpern vor sich gehen, die daher auch den Bewegungszustand des Körpers, in dem sie sich befinden, teilen.

Anders aber liegt der Fall für die Ausbreitung des Lichtes und der Elektrizität. Diese erfolgt nicht in Körpern, oder mindestens nicht nur in Körpern. Durchmißt doch das Licht den ungeheuren leeren Raum zwischen den Fixsternen, und die magnetischen Störungen auf der Erde hängen in deutlich beobachtbarer Weise mit Vorgängen auf der Sonne zusammen.

Der Äther.

Wie haben wir uns demnach die unbezweifelbare Ausbreitung des Lichtes im leeren Raume zu denken? Es fällt dem Menschengeiste offenbar schwer, sich einen Vorgang anders denn als eine Körperbewegung zu denken. Die Physik erfand sich also einen Träger der Lichtbewegung und nannte ihn den Äther. Die Annahme des Äthers ist nun aber eine der schwierigsten Hypothesen, die je in der Physik eingeführt worden sind. Diesen Äther nämlich muß man sich denken als den ganzen Raum erfüllend, als begabt mit einer nur verschwindend kleinen Masse, denn er übt ja keinerlei merkbare Einwirkung auf die Bewegung der Planeten aus, als alle Körper durchdringend. Man machte also, wie gesagt, diese Annahme eines den Raum erfüllenden Mediums, des Trägers der Lichtbewegung, der elektrischen Strahlen und noch anderer ähnlicher Strahlenarten, die ja die gegenwärtige Physik als wesentlich gleichartige Vorgänge auffaßt — aber es wollte nicht recht gelingen, trotz zahlreicher von den namhaftesten Forschern unternommener Versuche, sich eine bestimmte und genaue Vorstellung über das Wesen und die Beschaffenheit des Äthers zu bilden.

Eine der wichtigsten Fragen, die den Äther betreffen, ist die, in welchem Bewegungszustande er sich befindet, ob der Äther als Ganzes sich in einem bestimmten Bewegungszustande oder, wenn man will, im Ruhezustande befindet und die materiellen Körper sich durch ihn hindurchbewegen, oder ob der Äther an den Körperbewegungen mehr oder weniger teilnimmt, so etwa, daß der Äther in einem Körper, wie in einem Gefäß, mit fortgeführt werden würde und auch etwa die dem Körper nächstgelegenen Teile des Äthers durch ihn in Bewegung gesetzt werden, wie die Luft durch einen sich in ihr bewegenden Körper.

Es ist leicht zu sehen, daß diese Frage einen engen Zusammenhang mit der Frage nach der Relativität der Bewegung hat. Denn wenn der Äther als Ganzes ruht, und wenn er etwa in einem Inertialsystem ruht, so würde dieses doch zweifellos ein physikalisch bevorzugtes System sein, das Äthersystem würde das Grundsystem der Physik werden, und alle physikalischen Messungen und Bestimmungen würden auf dieses System Bezug nehmen. Man würde dann physikalisch von einer „absoluten" Bewegung sprechen können und damit eine Bewegung gegen dieses durch die Natur ausgezeichnete System des ruhenden Äthers meinen.

Eine Entscheidung dieser Frage ist natürlich nur von der Erfahrung zu erwarten, und unwillkürliche Erfahrungen so gut wie absichtlich angestellte Versuche mußten das Ihrige dazu beitragen. Namentlich zwei in der Astronomie bedeutsame Erscheinungen spielen hier eine Rolle, die Aberration und die Verschiebung der Spektrallinien nach dem Dopplerschen Prinzip.

Die Aberration.

Die Erscheinung der Aberration besteht in folgendem. Der Astronom beobachtet, daß alle Fixsterne gegen den Himmelshintergrund, auf den wir sie zu beziehen pflegen, eine regelmäßige Jahresbewegung ausführen, und zwar beschreiben die Sterne in der Nähe des Pols der Ekliptik kleine Kreise, alle mit demselben Durchmesser, die tiefer stehenden Sterne Ellipsen, deren große Achse gleich dem Durchmesser jener Kreise ist, und die vollends in der Ebene der Ekliptik stehenden Sterne bewegen sich auf geraden Linien hin und her, und zwar so, daß die Entfernung ihrer Umkehrpunkte wieder gleich dem Durchmesser jener Kreise ist. Es liegt nahe, diese allen Fixsternen gemeinsame Bewegung nicht als eine wahre Bewegung der Gestirne, sondern als eine scheinbare, durch den Standpunkt des Beobachters bedingte zu erklären. Und in der Tat läßt sich diese Erscheinung sehr plausibel erklären, wenn man die Annahme eines ruhenden, also von den Körpern nicht mitbewegten Äthers zugrunde legt. Man kann sich das zunächst an einem Bilde in der Anschauung klarmachen. Wir wollen uns einen ganz senkrecht fallenden Regen denken und einen Menschen, der in einem fahrenden Eisenbahnwagen sitzen möge, an dessen Decke ein kurzes, oben offenes Rohr angebracht ist. Der Wagen soll vorn und hinten offen sein, so daß die Luft ungehindert hindurchstreichen kann. Von den Regentropfen wollen wir annehmen, daß sie infolge der Reibung an der Luft nicht mehr beschleunigt, sondern gleichförmig mit der Geschwindigkeit c herunterfallen. Wie wird der Mann im Wagen die Tropfen fallen sehen? (Fig. 5.) Er wird sie schräg fallen sehen, und zwar um so schräger, je rascher er sich bewegt. Während nämlich der Tropfen, der oben durch die Decke des Wagens eben eingetreten ist, den Weg von der Decke bis zur Erde zurücklegt, bewegt sich der Eisenbahnwagen ein Stück vorwärts, so daß der Tropfen

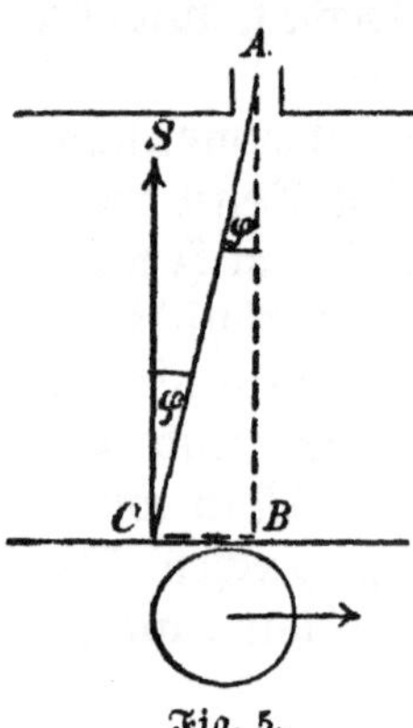
Fig. 5.

nicht senkrecht unter der Öffnung auf den Boden aufschlägt, sondern um ein Stück nach rückwärts verschoben, und es ist klar, daß die Wege, die der Tropfen und der Wagen in gleichen Zeiten zurückgelegt haben, sich verhalten wie ihre Geschwindigkeiten. Nun hat der vom Tropfen gegen die Erde zurückgelegte Weg die Länge AB, der vom Wagen in gleicher Zeit durchmessene Weg die Länge BC. Nennen wir den Winkel, um den die scheinbare Fallrichtung von der Senkrechten abweicht, φ, so ist ersichtlich $\operatorname{tg}\varphi = BC/AB$ oder, da sich diese Wege verhalten wie die Geschwindigkeiten, auch $\operatorname{tg}\varphi = v/c$, wenn wir unter v die Geschwindigkeit des Wagens und unter c die gleichförmig gedachte Fallgeschwindigkeit des Tropfens verstehen. Ganz entsprechende Verhältnisse liegen vor, wenn das Licht, das sich im Äther bewegt, auf die im Äther vorwärts eilende Erde trifft. Auch hier wird der Lichtstrahl dem Erdbewohner unter einem bestimmten Winkel gegen diejenige Lage schräg erscheinen, unter der er einem Beobachter erscheinen müßte, der diesen Strahl vom ruhenden Äther selbst aus beobachten könnte. Steht die Strahlrichtung zur Erdbahn senkrecht, so wird also der Astronom, der diesen Stern beobachtet, das Fernrohr etwas schräg stellen müssen,

wenn der Lichtstrahl gerade die Achse des Fernrohrs durchlaufen soll.
Und wiederum wird der Winkel der Abweichung von der Senkrechten
gegeben durch

$$(4) \qquad \operatorname{tg} \varphi = \frac{v}{c}$$

wenn jetzt unter c die Lichtgeschwindigkeit, unter v aber die Geschwindig=
keit des Fernrohrs gegen den Äther, d. h. der Erde in ihrer Bahn ver=
standen wird. Da nun die Licht=
geschwindigkeit sehr groß ist gegen
die Erdgeschwindigkeit, so ist dieser
Winkel natürlich sehr klein. Er be=
trägt nach den neuesten Messungen
20,445". Da die Erde sich aber
annähernd in einer Kreisbahn be=
wegt, so wird die Abweichung des
Lichtes von der Senk=
rechten in ständig ver=
änderter Richtung
erscheinen und der
Stern wird im Laufe

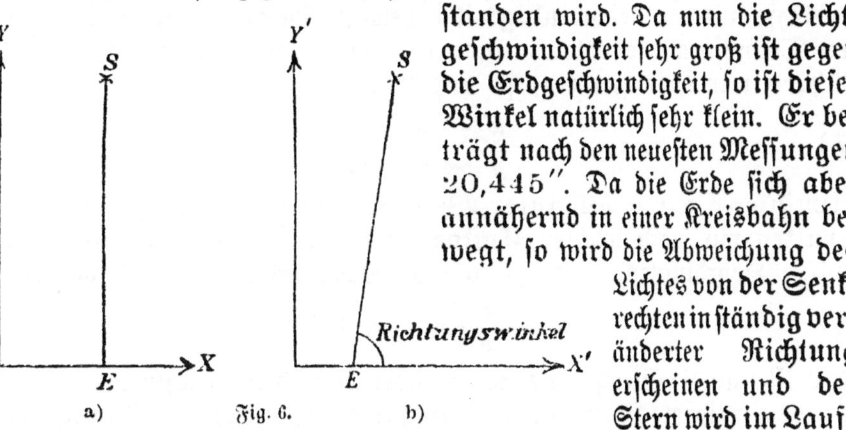

eines Jahres in der Tat einen Kreis am Firmament beschreiben.

Man kann übrigens diese ganze Betrachtung auch rechnerisch durch
eine Koordinatentransformation behandeln. Denken wir uns einen
Stern senkrecht über der Erdbahn, also im Ekliptikpol, und betrachten
diejenige Ebene, die durch die Verbindungslinie Stern—Erde und die
augenblickliche Richtung der Erdbewegung bestimmt ist. Wir denken uns
in dieser Ebene ein im Äther ruhendes Koordinatensystem mit den
Achsen X und Y (Fig. 6), so daß die Erdbewegung in der X=Achse
verläuft und somit SE der Y=Achse parallel läuft. Der Stern S möge
in diesem System die Koordinaten (a, b) haben. Bezeichnen wir wieder
die Lichtgeschwindigkeit mit c und rechnen wir die Zeit t von dem
Augenblick ab, in dem eine bestimmte Lichtwelle von dem Stern aus=
geht, so bestimmen folgende beiden Gleichungen den jeweiligen Ort
der Lichtwelle:

$$(5) \qquad \begin{aligned} x &= a \\ y &= b - ct, \end{aligned}$$

und die von dieser Lichtwelle durchmessene Bahn wird durch die von t

freie Gleichung

$$(6) \qquad x = a$$

dargestellt, die eine zur Y-Achse im Abstande a parallele gerade Linie bezeichnet. Dieses Ergebnis war hier allerdings selbstverständlich, da wir die Gleichungen ja auf Grund dieser Annahme erst aufgestellt hatten. Wir wollen nun den Weg des Lichtstrahls von einem Koordinatensystem aus beurteilen, das sich zu dem ersten in Richtung der X-Achse mit der Geschwindigkeit v bewegt. Die für diesen Fall geltenden Transformationsgleichungen sind die Gleichungen (1) auf S. 22. Führen wir diese hier ein, so erhalten wir:

$$(7) \qquad \begin{aligned} x' &= a - vt \\ y' &= b - ct. \end{aligned}$$

Eliminieren wir in bekannter Weise aus beiden Gleichungen das t, so erhalten wir nach leichter Umformung eine Gleichung zwischen den beiden Koordinaten x und y, die die Bahn des Lichtstrahls darstellt:

$$(8) \qquad y' = \frac{c}{v}\left(x' - a + \frac{bv}{c}\right).$$

Das ist nun die Gleichung einer geraden Linie, deren Richtungstangens c/v der reziproke Wert des vorhin für den Tangens der Abweichung vom Lot gefundenen Ausdrucks ist. Da der Richtungswinkel das Komplement des Abweichungswinkels ist, so steht dieses Ergebnis in voller Übereinstimmung mit dem früher aus der Anschauung abgeleiteten. Auch daß der Schnittpunkt mit der X'-Achse jetzt ein anderer, nämlich $a - bv/c$, ist, steht ja mit der Anschauung, die wir uns an dem fahrenden Eisenbahnwagen gebildet haben, in bestem Einklang. Diese ganze Erklärung setzt aber voraus, daß der Äther in Ruhe bleibt und von der Erde bei ihrem Fluge um die Sonne nicht mitgenommen wird. Genau so wie die Angabe über die Abweichung der Regentropfen nur für einen offenen, die Luft nicht mitführenden Wagen gilt; in einem geschlossenen würden die Tropfen stets etwas durch die Luft mitgerissen werden.

Der Dopplereffekt.

Unter derselben Voraussetzung läßt sich auch der aus der Akustik wohlbekannte Dopplereffekt auf die optischen Erscheinungen übertragen und dient hier zur Erklärung der Verschiebung der Spektrallinien der Sterne. Wir wollen uns die Erscheinung zunächst akustisch klarmachen. Wir denken uns in unmittelbarer Nähe eines Eisen-

bahngleises eine Fabrik, die mit einer Dampfpfeife lautschallende Si=
gnale abzugeben vermag. Der Schall dieser Signale breitet sich wellen=
artig durch die Luft aus. Es ist ja nun bekannt, daß die Tonhöhe eines
Tones von der Schwingungszahl abhängt, d. h. von der Anzahl
Verdichtungen und Verdünnungen, die in der Sekunde das Ohr
eines Beobachters treffen. Nun denken wir uns zwei Beobachter,
einen, der an seinem Orte fest sitzen bleibt, und einen, der auf einem
offenen Eisenbahnwagen sitzend sich der pfeifenden Fabrik in rascher
Fahrt nähert. Es ist offenbar, daß das Ohr des fahrenden Beob=
achters von mehr Schallwellen in derselben Zeit getroffen wird
als das Ohr des ruhenden Beobachters, denn er fährt ja den Wellen
entgegen, nimmt also nicht nur die wahr, die auch bis zu dem
ruhenden Beobachter hin gelangen, sondern außerdem noch alle die,
die in dieser Zeit nur bis zum Endpunkt seiner Fahrt gelangt sind.
Da aber nun in jeder Sekunde sein Ohr mehr Schwingungen treffen
als das Ohr des ruhenden Beobachters, so wird ihm der Ton
höher erscheinen, und zwar um so höher, je rascher er sich der Schall=
quelle annähert. Ist er aber erst an der Fabrik vorbeigefahren, so
wird nun das Umgekehrte in Erscheinung treten. Er entfernt sich
von der Schallquelle, entflieht also gewissermaßen den ihm nach=
eilenden Wellen, und sein Ohr wird nun von weniger Schwin=
gungen getroffen als das des ruhenden Beobachters, der Ton wird
ihm mithin tiefer klingen.

Eine ganz entsprechende Erscheinung können wir uns nun a u f
o p t i s c h e m G e b i e t denken. Stellen wir uns eine im Äther ruhende
Lichtquelle vor. Sie entsende Lichtwellen einer ganz bestimmten
Schwingungszahl. Diese Schwingungszahl ist bekanntlich maß=
gebend für die Farbe des ausgesandten Lichtes. Denken wir uns
nun einen Beobachter, der sich durch den Äther hindurch auf die
Lichtquelle zubewegt, so werden ihm hier genau wie bei dem aku=
stischen Fall mehr Schwingungen in der Sekunde begegnen, als an
einem im Äther ruhenden Beobachter vorbeieilen. Er wird also
eine andere Farbe wahrnehmen als dieser. Nun haben wir ein phy=
sikalisches Mittel, eine solche Farbenveränderung festzustellen. Man
kann bekanntlich das weiße Licht, das uns z. B. von der Sonne oder
den Sternen zugestrahlt wird, durch ein Prisma in seine farbigen
Bestandteile zerlegen, und zwar ordnen sich die einzelnen Farben in
einer ganz bestimmten Weise nebeneinander an, und man nennt

AMuG 618: Bloch, Relativitätstheorie. 3. Aufl.

dieses farbige Nebeneinander das Spektrum. Nun treten in den Spektren zwischen den Farben dunkle Linien auf, und man weiß genau, welche Schwingungszahl dem Licht zukommt, das durch sie gerade ausgelöscht wird, an welcher Stelle einer Skala sie also erscheinen müßten. Erscheinen diese Linien und ihre farbige Umgebung nun an einer anderen als der ihnen zukommenden Stelle der Skala, erscheinen sie also gewissermaßen in einer anderen Farbe, so können wir uns diesen Umstand mit der Annahme erklären, daß die Schwingungszahl, die wir dem Licht der Streifen auf Grund ihrer Lage auf der Skala zuschreiben müssen, nicht dieselbe ist, die ihnen im Äther zukommt, die also ein im Äther ruhender Beobachter wahrnehmen würde. Wir nehmen daher an, daß wir uns auf die betrachtete Lichtquelle, einen Stern etwa, zubewegen, wenn die von uns beobachtete Schwingungszahl größer ist als die normale, und daß wir uns von ihm entfernen, wenn sie geringer ist.

Auch dieser Vorgang kann mathematisch mit Hilfe einer Koordinatentransformation behandelt werden.[1] Wir denken uns eine Strahlenquelle im Äther ruhend und legen das Koordinatensystem K so, daß die Strahlenquelle im Nullpunkt ruht. Wir betrachten lediglich den Wellenzug, der sich entlang der X-Achse bewegt. Verstehen wir dann unter a die Amplitude der Schwingungen, unter n die Schwingungszahl und unter c die Lichtgeschwindigkeit im Äther, so ist

$$(9) \qquad y = a \sin\left[2\pi n\left(t - \frac{x}{c}\right)\right];$$

die Gleichung des Bewegungszustandes längs der Strahlbahn y gibt hier als Funktion von t und x an, welchen Abstand irgendein Teilchen von seiner Ruhelage in der X-Achse zur Zeit t hat, wenn eine Sinusschwingung über die X-Achse hinwegläuft. Die Bewegung des Nullteilchens wird nämlich durch die Gleichung $y = a \sin 2\pi nt$ wiedergegeben, und jedes andere Teilchen der X-Achse wird sich um so viel später in dem gleichen Abstand von seiner Ruhelage befinden wie das Nullteilchen, als das Licht Zeit gebraucht, um bis zu ihm hinzugelangen, und das ist gerade x/c. Wir können nun ein neues Koordinatensystem K' einführen, das wieder längs der X-Achse gegen K gleichförmig mit der Geschwindigkeit v bewegt ist, und die Strahlgleichung mit Hilfe

---

1) Der mathematisch wenig geschulte Leser mag diese Ausführung überspringen.

der Transformationsgleichungen (1) auf S. 22 für dieses neue System umformen. Wir erhalten dann die Gleichung:

$$(10) \qquad y' = a \sin 2\pi n \left(t - \frac{x' + vt}{c} \right),$$

die wir so umformen, daß sie formal der Gleichung (9) entspricht:

$$y' = a \sin 2\pi n \left(t \frac{c - v}{c} - \frac{x'}{c} \right)$$

$$(11) \qquad y' = a \sin 2\pi n \frac{c - v}{c} \left(t - \frac{x'}{c - v} \right)^{1)}$$

$$y' = a \sin 2\pi n' \left(t - \frac{x'}{c'} \right).$$

In dieser mit (9) übereinstimmenden Form läßt uns die Gleichung erkennen, daß die Schwingungszahl im neuen System

$$(12) \qquad n' = n \frac{c - v}{c}$$

und die Lichtgeschwindigkeit im neuen System

$$(13) \qquad c' = c - v$$

ist. Haben c und v gleiche Richtung und ist $v < c$, so ist $n' < n$. Das entspricht dem Fall, daß sich der Beobachter von der Strahlenquelle entfernt. Haben dagegen c und v entgegengesetztes Vorzeichen, so bedeutet das eine Annäherung des Beobachters an die Lichtquelle, und n' ist größer als n, beides in Übereinstimmung mit unseren Überlegungen. Auch die dem bewegten Beobachter vergrößert oder verkleinert erscheinende Lichtgeschwindigkeit c' fügt sich dem ganzen Gedankengange ein. Allerdings unterliegt sie bei diesen Erscheinungen nicht der Beobachtung, sie tritt nur in der Formel auf, die bei der Erklärung der veränderten Schwingungszahl eine Rolle spielt.

Diese beiden Erscheinungen, die Aberration und der Dopplereffekt, erklären sich also, wie man sieht, sehr einfach, wenn man die Annahme eines unbeweglichen, von den Körpern nicht mitgeführten Äthers zugrunde legt.

---

1) Wir setzen $n(c - v)/c = n'$ und $c - v = c'$.

IV. Die beiden Grundversuche.

Es liegt nun nahe, um die Frage nach dem Bewegungszustande des Äthers zur Entscheidung zu bringen, Versuche anzustellen, bei denen man direkt die Geschwindigkeit des Lichtes in einem bewegten Medium mit der im ruhenden Medium vergleichen kann. Und solchen Versuchen hat man sich in der Tat auch zugewandt. Nun ist aber die Lichtgeschwindigkeit in körperlichen Medien von derjenigen im freien Äther verschieden. Die Zahl, die angibt, der wievielte Teil die Lichtgeschwindigkeit im Medium von der Lichtgeschwindigkeit im Äther ist, heißt Brechungsquotient. Es ist also $c_n = c/n$, wenn man unter c_n die Geschwindigkeit des Lichtes im Medium vom Brechungskoeffizienten n versteht. Wenn sich das Medium nun während des Lichtdurchganges bewegt, so steht folgendes zu erwarten. Entweder addiert sich die Körpergeschwindigkeit zur Lichtgeschwindigkeit, das würde für einen mitgeführten Äther sprechen, oder die Lichtgeschwindigkeit bleibt durch die Körperbewegung unberührt, das würde die Annahme des ruhenden Äthers nahelegen. D. h. wir müssen entweder

$$c_n' = c_n \quad \text{erwarten oder aber} \quad c_n' = c_n + v,$$

wenn c_n' die Lichtgeschwindigkeit im bewegten Medium und v die Körpergeschwindigkeit darstellt.

Der Fizeauversuch.

Der experimentellen Entscheidung dieser Frage ist ein Versuch von Fizeau gewidmet. Dieser Versuch war äußerst schwierig, denn das hierbei festzustellende Verhältnis der Lichtgeschwindigkeit im ruhenden und bewegten Medium ist entweder 1 oder $1 + v/c_n = 1 + n \cdot v/c$, und es kommt auf die Messung einer Größe an, die von v/c abhängt. Dieser Quotient hat wegen der enormen Größe der Lichtgeschwindigkeit gegenüber allen irdischen Geschwindigkeiten einen sehr kleinen Wert. Für Messungen von so außerordentlicher Genauigkeit, wie sie also hier erforderlich sind, steht uns nun eine sehr feine Methode zur Verfügung, die Interferenzmethode, deren Wesen kurz in folgendem besteht. Läßt man zwei Lichtstrahlen, die von ein und derselben Lichtquelle ausgehen, mit Hilfe eingeschalteter optischer Instrumente zwei verschiedene und verschieden lange Wege zurücklegen und vereinigt beide Strahlen hernach wieder, so können die Strahlen sich in ihrer Bewegung gegenseitig unterstützen oder hemmen, je nachdem ob Wellenberge und Wellentäler beider Lichtstrahlen aufeinanderfallen oder ob ein Wellenberg des einen Strahls auf ein Wellental des anderen fällt. In diesem Falle heben sich die beiden Strahlen gegenseitig auf, und es wird an solcher Stelle kein Licht erscheinen. Dieser Fall tritt nun immer dann ein, wenn sich die von den Strahlen zurückgelegten Wege um ½ Wellenlänge, 3 · ½ Wellenlänge oder irgendein ungerades Vielfaches einer halben Wellenlänge unterscheiden. Nun ist aber die Länge der Lichtwellen außerordentlich klein, sie schwankt etwa zwischen ⅓ und ⅔ Mikron (tausendstel Millimeter). Sehr geringe Änderungen des einen der beiden Wege bei unverändertem Wege des anderen Strahles rufen also hier schon Änderungen in der Verteilung von Licht und Dunkelheit hervor und können beobachtet werden. Die beiden Lichtstrahlen, von denen wir sprachen, sind ja natürlich keine mathematischen Strahlen, sondern haben eine gewisse Dicke, und wenn man diese Strahlen z. B. von zwei Seiten kommend schräg auf eine Platte fallen läßt, so ist der Gangunterschied der beiden Strahlenbüschel nicht an allen Stellen der Platte, an denen sie sich überdecken, gleich, und es entsteht somit ein System von abwechselnd hellen und dunklen Streifen, in dem nun eine wenn auch sehr kleine Änderung des einen Strahlenweges eine deutlich beobachtbare Änderung hervorruft. Mit Hilfe einer solchen Interferenzmethode führte Fizeau seinen wichtigen Versuch aus.

Fig. 7 gibt eine schematische Zeichnung der Versuchsanordnung. P sei eine punktförmige Lichtquelle. Das von ihr ausgehende Licht wird durch die eingeschaltete Linse parallel gemacht, und durch die Blende Bl gehen nun zwei parallele Strahlen hindurch. Diese durchlaufen ein mit Wasser gefülltes Gefäß $ABCD$, dessen Vorder- und Rückwand aus Glas besteht.

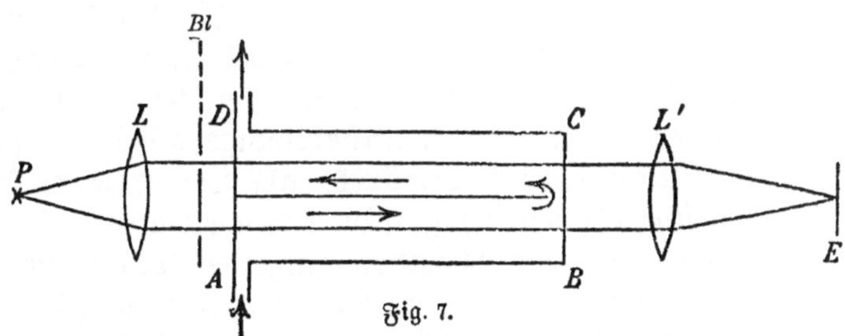

Sie fallen dann auf die Linse L', die die beiden Strahlen in der Ebene E zur Deckung bringt. In der Ebene E wird sich ein ganz bestimmtes System heller und dunkler Streifen als Interferenz-

bild ergeben. Wir lassen nun das Wasser im Troge in der durch
die Pfeile angedeuteten Weise strömen, dann ist nach unseren Überlegungen zu erwarten, daß entweder die Lichtbewegung von der Wasser-
bewegung ganz unbeeinflußt bleibt, also das Interferenzbild keine Änderungen zeigt, oder aber daß auf der Strecke AB sich die Strömungsgeschwindigkeit zur Lichtgeschwindigkeit addiert, auf der Strecke DC dagegen die Lichtgeschwindigkeit um die Wassergeschwindigkeit vermindert
wird. Hierdurch werden die beiden Strahlen einen Gangunterschied
erhalten, und das Interferenzbild muß entsprechende Änderungen zeigen.
Der mit großer Sorgfalt angestellte Versuch ergab nun aber keines der
beiden von uns angenommenen Resultate. Es zeigte sich vielmehr, daß
die Lichtgeschwindigkeit zwar von der Strömungsgeschwindigkeit beeinflußt wurde, daß sich aber diese Körpergeschwindigkeit nicht voll zur
Lichtgeschwindigkeit im ruhenden Medium hinzuaddierte, sondern versehen mit einem vom Brechungsquotienten abhängigen Faktor. Es ergab sich:

$$(14) \qquad c_n' = c_n + v \left(1 - \frac{1}{n^2}\right),$$

ein Resultat, das übrigens auf Grund anderer Erfahrungen schon
von Fresnel 30 Jahre früher vorhergesagt worden war. Nach ihm
heißt der Koeffizient von v der Fresnelsche Mitführungskoeffizient, Mitführungskoeffizient deshalb, weil man sich nun vorstellte,
daß der Äther von den Körpern doch zum Teil mitgeführt werde.
Das Maß der Mitführung hängt also vom Brechungsquotienten ab,
und für den Brechungsquotienten 1 wird der Faktor von v zu Null.
In einem solchen Medium also bleibt der Lichtstrahl von
der Bewegung des Mediums unbeeinflußt. Nun kann man
allerdings sagen, daß diese theoretischen Annahmen des z. T. mitgeführten Äthers ziemlich unbefriedigend sind, und so bedeutete es einen
erheblichen Schritt vorwärts, als Lorentz zeigen konnte, daß der Fi-
zeausche Versuch sich gerade dann erklären läßt, wenn man die Annahme eines auch in seinen einzelnen Teilen absolut ruhenden Äthers
mit neueren, namentlich von Lorentz selbst ausgehenden Hypothesen über
die Konstitution der Materie verbindet. Es ist unmöglich, auf diese
Fragen hier ausführlich einzugehen, weil dazu erhebliche mathematische
und physikalische Vorkenntnisse erfordert werden. Wir können aber auch
von dieser neueren befriedigenderen Erklärung ganz absehen. Für
unsere Zwecke wird es genügen, sich an das eine Ergebnis des Fizeau-

verfuches zu halten, daß der Äther jedenfalls von einem Medium mit dem Brechungsquotienten 1 nicht mitgeführt wird. Es haben nämlich die Gafe und insbesondere die Luft einen Brechungsquotienten, der fehr nahe bei 1 liegt. Für atmofphärifche Luft ift beifpielsweife der Brechungsquotient für das gelbe Licht eine Natriumflamme 1,000294. Der Mitführungskoeffizient der Luft ift alfo fehr nahe Null, von bewegter Luft wird alfo der Äther fo gut wie gar nicht mitgeführt. Das ift jedenfalls das beftimmte Ergebnis des Fizeauverfuches.

Der Michelfonverfuch.

Die Hauptfchwierigkeit beim Fizeauverfuch liegt, wie fchon früher gefagt, in der Kleinheit aller Gefchwindigkeiten gegenüber der Lichtgefchwindigkeit. Es war ein naheliegender Gedanke, an Stelle der künftlich hervorgerufenen Gefchwindigkeiten die fehr viel größere Gefchwindigkeit einzuführen, die der Erde bei ihrer Fahrt um die Sonne zukommt. Das ift eine Gefchwindigkeit von 30 km in der Sekunde, immer noch fehr klein gegen die Lichtgefchwindigkeit, aber doch fchon fehr groß gegen die uns fonft zur Verfügung ftehenden Gefchwindigkeiten. War doch z. B. die Strömungsgefchwindigkeit des Waffers beim Fizeauverfuch nur 7 m in der Sekunde. Ja, man kann die Aufgabe geradezu in folgende Form kleiden. Nach dem Fizeauverfuch wird der Äther nicht von der Erde oder mindeftens nicht von der Erdatmofphäre mitgeführt. Der ruhende Äther bildet alfo ein befonders berückfichtigenswertes phyfikalifches Syftem. Es foll der Gefchwindigkeitszuftand der Erde gegenüber diefem ausgezeichneten Syftem, dem Äther, beftimmt werden. Denn zeigt uns der Fizeauverfuch, daß die Atmofphäre den Äther nicht mitführt, fo muß ein Lichtftrahl, der die Richtung der Erdbewegung hat, für einen auf der Erde ftehenden Beobachter verzögert erfcheinen, und wenn man ihn mit einem Strahl vergleicht, der fich fenkrecht zur Erdbewegung fortpflanzt, fo muß fich diefe Verzögerung auch erkennen laffen.

Ein folcher Verfuch ift von Michelfon (fprich Meikelßn) unternommen worden. Wir wollen uns, allerdings auch nur in den Hauptzügen und fchematifch, die Theorie diefes Verfuches klarmachen. Wir fehen zunächft von der wirklichen Verfuchsanordnung völlig ab und machen uns folgende Vorftellungen. In Fig. 8 fei L eine Lichtquelle, die befähigt ist, einen momentanen Lichtblitz zu geben. S_1 und S_2 seien zwei Spiegel, die mit L fest und starr verbunden sind und beide von L genau gleichen Abstand haben. Denken wir uns den ganzen Apparat im Äther ruhend und lassen von L einen Lichtblitz ausgehen, so wird der Lichtblitz von den beiden Spiegeln zurückgeworfen, und zur genau gleichen Zeit werden die beiden reflektierten Lichtstrahlen in L wieder eintreffen. Nunmehr wollen wir uns vorstellen, der ganze Apparat sei in der Richtung der Linie LS_1 gegen den Äther mit der Geschwindigkeit v bewegt. Nach welchen Zeiten werden dann die Strahlen wieder in L ankommen? Eine leichte Rechnung gibt uns Antwort auf diese Frage. Nennen wir t_1 die Zeit, die der Lichtstrahl gebraucht, um bis zu dem Spiegel S_1 zu gelangen, so ist der Weg, den er in dieser Zeit zurücklegt, ct_1. In dieser Zeit muß er nun aber nicht nur die Strecke LS_1, wir nennen ihre Länge a, sondern auch das Stück zurücklegen, um welches sich der Apparat inzwischen vorwärts bewegt hat, das ist ein Stück von der Länge vt_1. Es ergibt sich also die Gleichung $ct_1 = a + vt_1$,

und daraus finden wir: $t_1 = \dfrac{a}{c - v}$.

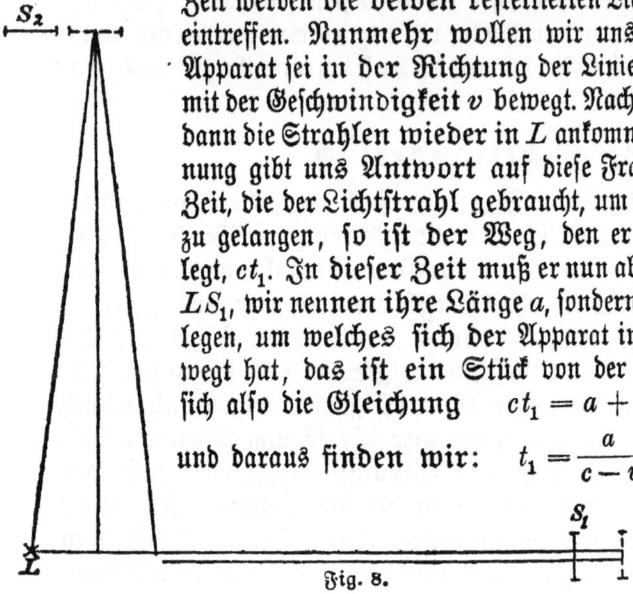

Durch ganz entsprechende Überlegungen finden wir als Zeit

des Rückweges bis L: $t_2 = \dfrac{a}{c + v}$. Die Gesamtzeit des Weges beträgt:

$$(15) \qquad T_1 = t_1 + t_2 = \frac{2ac}{c^2 - v^2}.$$

Betrachten wir nun den Lichtstrahl, der von L ausgeht zum Spiegel S_2 und von da zurück zu L in seiner inzwischen veränderten Lage gelangt, so bilden der Hin- und Rückweg dieses Strahles, im ruhenden Äther abgezeichnet, die beiden Schenkel eines gleichschenkligen Dreiecks. Nennen wir nun T_2 die Zeit des Hin- und Rückweges dieses Strahles, so findet man leicht aus dem rechtwinkligen Dreieck, dessen Hypotenuse der Lichtweg, dessen eine Kathete der gleichzeitige Weg des Punktes L und dessen zweite Kathete die Strecke a ist, die Gleichung: $c^2\left(\dfrac{T_2}{2}\right)^2 - v^2\left(\dfrac{T_2}{2}\right)^2 = a^2$, und daraus ergibt sich sofort:

$$(16) \qquad T_2 = \frac{2a}{\sqrt{c^2 - v^2}}.$$

Fig. 8.

T_1 und T_2 sind, wie man sieht, einander nicht gleich. Der in der Bewegungsrichtung des Apparates laufende Strahl braucht für den Hin= und Rückweg länger als der quer laufende. Handelt es sich um einen Lichtblitz, so werden die reflektierten Strahlen nacheinander an der Ursprungsstelle L wieder eintreffen. Sendet aber L dauernd Licht aus, so werden die beiden Strahlen gegeneinander einen Gangunterschied aufweisen müssen, da sie verschieden lange Wege im Äther zurückgelegt haben, und es werden am Treffpunkt sich wieder bestimmte Interferenz= erscheinungen ergeben, von denen wir gleich noch näher zu sprechen haben werden. Wir wollen uns zunächst fragen, wie groß denn eigent= lich der Zeitunterschied für die Wege beider Strahlen ist. Es ergibt sich:

$$T_1 - T_2 = \frac{2\,ac}{v^2 - v^2} - \frac{2\,a}{\sqrt{c^2 - v^2}} = \frac{2\dfrac{a}{c}}{1 - \dfrac{v^2}{c^2}} - \frac{2\dfrac{a}{c}}{\sqrt{1 - \dfrac{v^2}{c^2}}}.$$

Wenn wir nun berücksichtigen, daß $\dfrac{v^2}{c^2}$ eine im Verhältnis zu 1 sehr kleine Größe ist[1]), so dürfen wir hierfür schreiben:

$$T_1 - T_2 = \frac{2\,a}{c}\left(1 + \frac{v^2}{c^2}\right) - \frac{2\,a}{c}\left(1 + \frac{1}{2}\frac{v^2}{c^2}\right)$$

$$= \frac{2\,a}{c} \cdot \frac{1}{2}\frac{v^2}{c^2} = \frac{a\,v^2}{c^2}$$

---

1) Für das angenäherte Rechnen mit kleinen Größen gilt die Regel, daß die Quadrate und höheren Potenzen kleiner Größen beliebig addiert und subtrahiert werden dürfen, denn diese sind so viel kleiner, daß sie bei der Rechnung nicht mehr in Betracht kommen. So ist z. B.: $0{,}002^2 = 0{,}000004$. Ist also ε eine gegen 1 sehr kleine Größe, so ergeben sich folgende Näherungsformeln:

$$\frac{1}{1 - \varepsilon} = \frac{1 + \varepsilon}{1 - \varepsilon^2} \sim \frac{1 + \varepsilon}{1} = 1 + \varepsilon \qquad [\sim \text{bedeutet „un=gefähr gleich"}]$$

$$\frac{1}{1 + \varepsilon} = \frac{1 - \varepsilon}{1 - \varepsilon^2} \sim \frac{1 - \varepsilon}{1} = 1 - \varepsilon$$

$$\frac{1}{\sqrt{1 - \varepsilon}} \sim \frac{1}{\sqrt{1 - \dfrac{2\,\varepsilon}{2} + \dfrac{\varepsilon^2}{4}}} = \frac{1}{1 - \dfrac{\varepsilon}{2}} \sim 1 + \frac{\varepsilon}{2}$$

$$\frac{1}{\sqrt{1 + \varepsilon}} \sim \frac{1}{\sqrt{1 + \dfrac{2\,\varepsilon}{2} + \dfrac{\varepsilon^2}{4}}} = \frac{1}{1 + \dfrac{\varepsilon}{2}} \sim 1 - \frac{\varepsilon}{2}$$

Die erste und dritte Formel sind im Text benutzt worden.

Für den Wegunterschied ergibt sich hieraus durch Multiplikation mit der Lichtgeschwindigkeit:

$$a\,\frac{v^2}{c^2}.$$

Die praktische Ausführung des Versuches schließt sich nun auf das engste an unsere theoretischen Betrachtungen an. Im wesentlichen besteht der Apparat, den Michelson benutzte, aus zwei zueinander rechtwinkligen gleichlangen festen Armen, an deren beiden Enden sich die Spiegel befinden (Fig. 9). An der Kreuzungsstelle der beiden Arme befindet sich unter 45° gegen beide geneigt eine Glasplatte, die die von einer Lichtquelle herstammenden Strahlen zum Teil hindurchläßt und zum Teil reflektiert. So entstehen die beiden von ein und derselben Lichtquelle herstammenden zueinander senkrechten Strahlen. Nach ihrer Rückkehr von den Spiegeln gelangen die beiden Strahlen wieder an die Glasplatte, und wieder wird von jedem Strahl ein

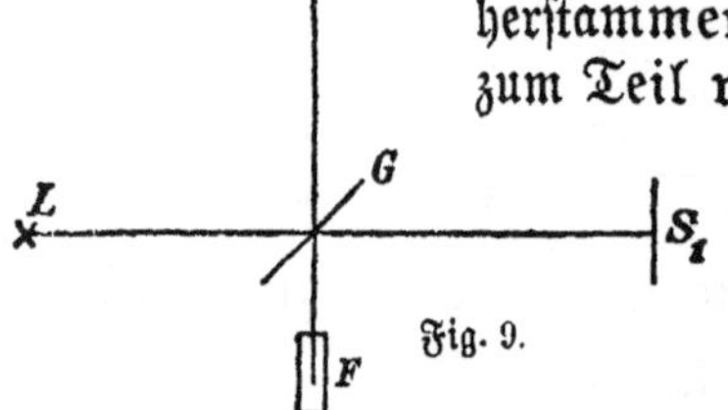

Teil hindurchgelassen und ein Teil reflektiert, und so gelangt von beiden Strahlen ein Teil in das Fernrohr F, in dem nun die Interferenzstreifen beider Strahlen beobachtet werden können. Der ganze Apparat ist nun drehbar eingerichtet, so daß man einmal dem Arm GS_1 und ein andermal den Arm GS_2 in die Richtung der Erdbewegung drehen kann. Nach unserer soeben angestellten Betrachtung muß dann abwechselnd der eine und der andere Weg der kürzere sein, und somit bei der Drehung eine Änderung des Interferenzbildes der beiden Strahlen beobachtbar werden.

Die größte Schwierigkeit, die hierbei zu überwinden war, lag wiederum in der ungewöhnlichen Kleinheit des zu beobachtenden Effektes. Spielte beim Fizeauversuch der Quotient v/c eine Rolle, so handelt es sich hier um einen zu beobachtenden Effekt von der Größenordnung v^2/c^2, welcher Bruch selbst bei den 30 km Erdgeschwindigkeit nur die Größe 0,00000001 hat. Es bedurfte eines sehr großen experimentellen Geschickes, um den Kampf mit der Kleinheit dieser Zahl erfolgreich durchzuführen. Es mußten eben die Wege GS_1 und GS_2 sehr lang gemacht werden und der Weg des Strahls noch dadurch vergrößert werden, daß man ihn mehrmals hin und her laufen ließ.[1]) Jedenfalls kam Michelson

---

1) Um uns eine ungefähre Vorstellung dieser Schwierigkeiten zu verschaffen,

durch seine Anordnungen so weit, daß er mit Sicherheit noch ein Hundertstel des im voraus berechneten und zu erwartenden Effektes gegebenenfalls beobachten konnte. Und als sich nun Michelson an den Versuch heranmachte, da fand er — nicht nur den erwarteten Effekt nicht, sondern noch nicht einmal das Hundertstel dieses Effektes, er fand überhaupt gar nichts. Es blieb, wenn Michelson seinen Apparat gedreht hatte, alles genau so wie vorher, alles so, als ob die Lage zum ruhenden Äther ohne jeden Einfluß wäre.

An der Sache selbst war nicht zu zweifeln. Aber man muß zugeben, sie war höchst überraschend und beunruhigend. Hier der Fizeauversuch, der auf das bestimmteste zeigte, daß der Äther von Körpern mit dem Brechungskoeffizienten 1, wie es die Gase annähernd sind, nicht mitgeführt wird, dort der Michelsonversuch, der zu zeigen schien, daß der Äther vollständig von der mit der Erde bewegten Luft mitgenommen wird. Denn wie anders soll man sich erklären, daß alle unsere vorhin angestellten Überlegungen, die doch nur die Folge der Annahme eines ruhenden Äthers sind, von der Erfahrung nicht bestätigt werden? Hier also gab es zwei Versuche, deren Resultate schlechterdings nicht miteinander vereinbar erschienen, ein Dilemma hatte sich ergeben, das nicht ohne Erschütterung der Grundlagen der Physik beseitigt werden konnte, der gordische Knoten mußte durchhauen werden, zu lösen war er nicht.

Erklärungsversuche.

Es schien unumgänglich, irgendeine der bisher als gesichert angesehenen Voraussetzungen der Theorie, die die beiden Versuche umfaßte, fallen zu lassen. Das nächstliegende war es vielleicht, anzunehmen, daß die Lichtgeschwindigkeit von der

---

machen wir folgende Überschlagsrechnung. Der Gangunterschied beider Strahlen muß mindestens eine halbe Wellenlänge, d. i. ungefähr 0,2 μ (tausendstel Millimeter) betragen. Wir fanden für diesen Gangunterschied den Ausdruck $a \cdot v^2/c^2$. Also muß

$$a \frac{v^2}{c^2} = 0,2 \, \mu$$

$$a = 0,2 \, \mu \cdot \frac{c^2}{v^2} = 0,2 \, \mu \cdot 10^8$$

sein. D. h. der Abstand zwischen Lichtquelle und Spiegel müßte, wenn er nur einmal durchlaufen werden soll, wenigstens 20 m lang sein.

Geschwindigkeit der Lichtquelle abhängig sei. Es bot
sich für diese Annahme die Analogie der Mechanik. Wirft man in
einem fahrenden Eisenbahnzuge einen Ball in der Fahrtrichtung, so
addiert sich zu der dem Ball von der Hand erteilten Geschwindigkeit
die Geschwindigkeit des Eisenbahnzuges, weil auch der werfende
Mensch, gewissermaßen die Wurfquelle, diese Geschwindigkeit hat.
So also konnte man sich denken, daß sich zur Geschwindigkeit des
Lichtstrahles, wenn er von einem bewegten Körper ausgesandt wird,
noch die Geschwindigkeit eben dieses Körpers addiert. Dann wäre
alles erklärt gewesen, denn in jeder Lage und bei jeder Geschwindigkeit des ganzen Apparates hätte der Lichtstrahl nicht nur seine
eigene Bewegung ausgeführt, sondern außerdem noch die Bewegung
des Apparates mitgemacht. Ruhe oder geradlinig gleichförmige Bewegung des Apparates kann dann also der mitbewegte Beobachter
so wenig durch optische Versuche feststellen, wie der Zustand gleichförmiger Translationsbewegung eines Körpers durch mechanische
Versuche ermittelt werden kann. Diese Hypothese hätte also mit
einem Schlage aus der ganzen Verlegenheit herausgeholfen, wenn
sie nur nicht im übrigen gegen die besten und gesichertsten Erfahrungen der Optik verstoßen hätte, die zu dem sogenannten Prinzip
von der Konstanz der Lichtgeschwindigkeit im Äther geführt hatten.
Die sorgfältigsten und genauesten Untersuchungen namentlich an
Doppelsternen hatten ergeben, daß die Lichtgeschwindigkeit sowohl
vom Bewegungszustand der Lichtquelle als auch von der Farbe
des Lichtes völlig unabhängig ist. Es war also mit dieser Hypothese
nicht viel anzufangen, die zwar diesen einen Versuch befriedigend
erklärt hätte, aber viele andere Erklärungen auf optischem Gebiet
ungültig gemacht hätte. Es war also richtiger, auf diese Annahme
zunächst zu verzichten, statt um des einen Versuches willen die
ganze Optik umzuwerfen.

Viel aussichtsreicher war ein Vorschlag von Lorentz. Lorentz
stellte sich vor, daß ein jeder Körper, der sich im Äther bewegt,
in der Richtung seiner Bewegung verkürzt wird. Aus unseren
Formeln (15) und (16) S. 40/41 kann man errechnen, daß die Beziehung

$$T_1 \sqrt{1 - \frac{v^2}{c^2}} = T_2$$

gilt. Nimmt man nun an, daß der in der Richtung der Erdbewegung liegende Arm des ganzen Apparates nicht die Länge a, sondern nur die Länge $a\sqrt{1-\dfrac{v^2}{c^2}}$ hat, so ergibt sich gerade Gleichheit der Zeiten, die zur Durchlaufung der beiden zueinander senkrechten Strecken erforderlich sind, wie es dem Michelsonschen Versuche entsprechen würde. Eine solche Verkürzung ist nun natürlich mit keinem Maßstab zu messen, denn jeder Maßstab wird ja in dem Maße, in dem er in die Richtung der Erdbewegung gedreht wird, auch seinerseits verkürzt, und die Verkürzung ist außerdem so geringfügig, daß sie sich der direkten Wahrnehmung völlig entzieht. Beträgt doch die Verkürzung eines Stabes von 1 km Länge, der in der Richtung der Erdgeschwindigkeit liegt, nur $^1/_{200}$ mm, und der ganze Erddurchmesser würde in der Bewegungsrichtung nur um etwa 6,3 cm verkürzt werden. Diese Hypothese würde sich also mit allen unseren Erfahrungen gut vertragen, denn derartig geringe Veränderungen spielen für die meisten physikalischen Untersuchungen gar keine Rolle, jedenfalls aber existiert keine Erfahrung von hinreichender Genauigkeit, die dieser Annahme widerspräche. Der einzige Versuch von so großer Genauigkeit, der Michelsonversuch, aber ist es gerade, der sie erfordert.

Man hätte sich also mit dieser Annahme wohl abfinden können. Aber sie war doch noch in einer Hinsicht unbefriedigend. Sie war eine isolierte Hypothese, nur ad hoc geschaffen, nur bestimmt, den Michelsonversuch zu erklären. Es war eine Hypothese mehr, eine brauchbare gewiß, aber doch keine solche, die eine Vereinfachung oder größere Übersichtlichkeit oder Vereinheitlichung des Gebietes bewirkt hätte, für das sie Gültigkeit beanspruchte. Und welche Antwort bleibt uns nun über den Bewegungszustand des Äthers und die Bewegung der Erde relativ zum Äther? Nun, es blieb die Vorstellung vom ruhenden Äther bestehen, der nicht von den sich in ihm bewegenden Körpern mitgenommen wird. Zu einem physikalischen Grundsystem eignet sich aber das System des ruhenden Äthers nicht, denn infolge der Verkürzung aller Körper in der Bewegungsrichtung ist es nicht möglich, den Bewegungszustand eines Körpers dem Äther gegenüber festzustellen. Die Differenz, die sich aus unseren früheren Betrachtungen für die Wege der beiden Lichtstrahlen ergeben hatte, wird gerade durch die Verkürzung aller Körper in der Bewegungsrichtung kompensiert. Auch dieses Ergebnis, so wenig man ihm irgendeinen Fehler vorhalten kann, darf man doch als unbefriedigend bezeichnen. Ist es nicht unbefriedigend, die Existenz eines physikalischen Dinges, wie es der Äther sein soll, anzunehmen, ihm aber Eigenschaften beizulegen, derart, daß ein sehr wesentliches Moment an ihm, nämlich sein Bewegungszustand gegenüber der Erde, durch Kompensation zweier verschiedener Vorgänge gerade unerkennbar wird? Alles dieses Unbefriedigende wird nun völlig beseitigt durch die neue Theorie, der wir uns jetzt zuwenden werden, die uns aber darüber hinaus noch ungeahnte und tiefe Aufschlüsse über physikalische Grundfragen geben wird.

V. Die Relativitätstheorie.

Der Standpunkt des Beobachters.

Man kann den besprochenen Widerstreit der beiden optischen Versuche, des Fizeauschen und desjenigen von Michelson, auch auf folgende Form bringen. Beim Fizeauversuch befindet sich der Beobachter außerhalb des bewegten Mediums, er beobachtet von einem vergleichsweise als ruhend angenommenen System aus einen Vorgang, der sich in einem zu ihm bewegten System abspielt. Beim Michelsonversuch dagegen ist der Beobachter mitbewegt, er befindet sich in dem Medium, das bewegt wird, und stellt hier seine Beobachtungen an. Die beiden Versuche führen zu Ergebnissen, die sich nicht ohne Zwang vereinigen lassen. Es läßt sich wohl die Frage aufwerfen: Ist denn der Standpunkt des Beobachters gleichgültig für das Ergebnis der Beobachtung, oder ist es nicht vielleicht notwendig, diesem Standpunkt des Beobachters Rechnung zu tragen, und könnte die Unvereinbarkeit der beiden Ergebnisse nicht ihren Grund eben darin haben, daß man es versäumt hat, diese Abhängigkeit vom Beobachter zu berücksichtigen? Diese Frage aufgeworfen zu haben, sie als erster gesehen zu haben, ist ein wesentliches Verdienst Albert Einsteins. Größer noch aber ist die Leistung, die in der richtigen Beantwortung dieser Frage liegt. Denn für den ersten, der neue Wege wandelt, ist es stets am schwersten, die überkommenen Vorurteile abzulegen; und welche Meinungen — von alters her als unumstößlich sicher und gewiß erachtet — mußten hier erst abgelegt werden, um den Weg zu den neuen Einsichten zu bahnen!

Mancherlei Einzelüberlegungen haben wir jetzt anzustellen, deren wir uns erst versichern müssen, ehe wir den Blick für das Ganze gewinnen werden.

Die Zeitmessung.

Wir wenden uns wieder zu Betrachtungen zurück, wie wir sie mit Vorbedacht im ersten Kapitel dieses Buches angestellt haben. Und zwar wenden wir uns noch einmal der Frage nach der Zeitmessung zu.

Auf Grund der Festsetzungen, die wir dort getroffen haben, ist es uns möglich, mit Hilfe eines Pendels überall auf der Erde einen Zeitmesser herzustellen, d. h. eine Vorrichtung, die die Pendelschläge zählt und somit bestimmten Zeitpunkten bestimmte Zahlen zuordnet. Dabei denken wir uns die Pendelschläge so rasch aufeinanderfolgend, daß die kleinsten Zeitabschnitte, die für irgendeinen physikalischen Zweck in Betracht kommen, noch nach der Zahl der Pendelschläge unterschieden werden können. Wir können uns auch irgendeiner anderen gleichmäßig periodisch wirkenden Einrichtung bedienen, die wir genügend oft auf die Genauigkeit ihres Ganges hin an dem ursprünglichen Maß, der Erddrehung, oder an dem abgeleiteten Zeitmeßinstrument, dem Pendel, prüfen. Wir haben einen beliebigen Zeitmesser der Art, wie er soeben bestimmt wurde, eine „Uhr" genannt. Wir können also beliebige Punkte der Erde mit Uhren versehen und mit Hilfe dieser Uhren die Zeitdauer von Vorgängen messen, soweit sie an ein und demselben Ort stattfinden; nur dann nämlich können wir uns einer und derselben Uhr bedienen, und unsere Festsetzungen über Zeitmessung im ersten Kapitel beziehen sich zunächst nur auf Messungen mit einer Uhr, denn wie zwei Uhren miteinander verglichen werden können, darüber ist noch nichts ausgemacht. Man könnte ja meinen, das Problem habe jeder Uhrmacher gelöst. Man reguliert die eine Uhr nach der anderen acht Tage lang, und dann ist die Sache gemacht. Das ist nun freilich mit einer für die Praxis des täglichen Lebens hinreichenden Genauigkeit möglich. Den weitergehenden Anforderungen der Physik entspricht dieses Verfahren aber nicht. Denn es ist nicht ohne weiteres sicher, daß die richtiggestellte Uhr, wenn sie an einen anderen

Ort gebracht wird, nicht ihren Gang ändert. Bei Pendeluhren ist das ja beispielsweise der Fall; wenn sie von den Polen her dem Äquator genähert werden, so gehen sie langsamer, weil die Anziehungskraft der Erde an der Erdoberfläche von den Polen nach dem Äquator abnimmt. Es muß also eine physikalische Methode ausfindig gemacht werden, die es gestattet, den Gang zweier Uhren miteinander zu vergleichen, auch wenn sie sich nicht am gleichen Ort befinden.

Praktisch wird ja auch diese Aufgabe täglich von unserer Reichspost mit zureichender Genauigkeit gelöst, indem sie jeden Morgen um Punkt 8 Uhr ein Signal durch alle Telegraphenleitungen gibt. Die größeren Postanstalten geben um 5 Minuten nach 8 Uhr ein gleiches Signal an die kleinen Anstalten, und so wird allmorgenlich ganz Deutschland mit der richtigen Zeit versorgt. Und durch immer bessere Regulierung der Uhren kann nun dafür gesorgt werden, daß sie zwischen zwei aufeinander folgenden Signalen möglichst genau 24 Stunden angeben. Das Verfahren ist, wie gesagt, praktisch völlig ausreichend. Theoretisch unterliegt es einem naheliegenden Einwande. So rasch sich auch das elektrische Signal ausbreitet, Zeit braucht es schließlich doch, und so muß es in den von der Zentralstelle entfernteren Orten später ankommen als in den nähergelegenen. Es werden also die Uhren der entfernteren Orte genau genommen etwas nachgehen müssen. Der Unterschied ist aber so gering, daß eine solche Zeitdifferenz im täglichen Leben selbstverständlich keine Rolle spielt, für theoretische Betrachtungen aber bleibt der Fehler in der Zeitmessung als prinzipieller bestehen. Es ist nun aber nicht schwer, ihn zu beseitigen. Nehmen wir etwa an, daß zwei Uhren A und B in Übereinstimmung gebracht werden sollen. Nun stellen wir uns vor, daß es ein schöner windstiller Tag sei und daß man in der Nähe der Uhr A eine Flinte aufgestellt habe mit der Mündung nach B. In B soll eine ganz gleiche Flinte mit dem Rohr nach A gewandt stehen. Nun richten wir die Flinte in A so, daß die Kugel gerade den Abzug der Büchse in B treffen muß und führen in folgender Weise einen Probeschuß aus. Bei einer bestimmten Zeigerstellung unserer Uhr A drücken wir die Flinte ab und passen auf, wann die Kugel von B nach A kommt, die ja dort in dem Augenblick abgehen muß, in dem die erste den Hahn berührt. Nehmen wir an, es seien zwischen dem

Abgang der erſten Kugel und der Ankunft der zweiten 4 Sekunden verſtrichen. Wenn wir nun beide Büchſen in ganz gleicher Weiſe geladen haben und auch ſonſt keine Umſtände vorliegen, die uns eine andere Annahme nahelegen, ſo werden wir vermuten dürfen, daß die eine Kugel genau ſo viel Zeit gebraucht hat wie die andere, und wir werden mit dem Beobachter in B verabreden, daß wir z. B. um Punkt 12 Uhr eine Kugel abſchießen werden und daß er dann ſeine Uhr bei Ankunft des Geſchoſſes auf 12 Uhr und 2 Sekunden einſtellen ſoll. Beſſer könnten wir noch ſagen, daß wir nicht „ver= muten“, ſondern zum Zwecke der Zeitdefinition feſtſetzen, daß der Hin= und Rückweg gleich lange dauere. Man ſieht leicht, daß die hier geſchilderte Methode ſich nicht zur praktiſchen Durchführung eignet, ſondern nur den prinzipiellen Weg beſonders deutlich machen ſoll. Denſelben Dienſt muß uns natürlich auch jede andere Verſtändi= gungsmethode zwiſchen zwei Orten leiſten, von der wir annehmen dürfen, daß das bei ihr benutzte Signal zum Hin= und Rückweg gleichviel Zeit beanſprucht. Ein akuſtiſches Signal alſo würde ſich z. B. ſchon weſentlich beſſer eignen. Es kommt uns ja aber im Augenblick gar nicht darauf an, die Sache wirklich auszuführen, denn wir werden auch für wiſſenſchaftliche Zwecke im allgemeinen mit den elektriſchen Signalen völlig auskommen. Wir wollen nur das phyſikaliſche Prinzip einwandfreier Zeitvergleichung ſicherſtellen, weil uns das für unſere theoretiſchen Unterſuchungen jetzt unent= behrlich ſein wird. Wir wollen nun von zwei Uhren, die wir uns in phyſikaliſch einwandfreier Weiſe aufeinander eingeſtellt denken, ſagen, daß ſie „ſynchron“ gehen. Allerdings müſſen wir hieran noch eine Forderung knüpfen. Als phyſikaliſch brauchbar iſt eine ſolche Me= thode der Uhrenſtellung nur dann zuzulaſſen, wenn die Uhren nach ihrer Einſtellung der Bedingung genügen, daß, wenn zwei Uhren mit einer dritten ſynchron gehen, ſie auch untereinander ſynchron gehen, daß es alſo zum ſelben Ergebnis führt, wenn ich eine dritte Uhr nach der erſten und wenn ich ſie nach der zweiten ſtelle.

Dieſe Feſtſetzungen über die phyſikaliſche Methode der Uhren= vergleichung mögen vielleicht manchem als belanglos und ſelbſt= verſtändlich erſcheinen, aber es iſt gerade das Selbſtverſtändliche, das ſich zuweilen am ſchwerſten findet. Es mag ſein, daß jeder Phyſiker von ſelbſt auf eine ſolche Methode der Uhrvergleichung gekommen wäre, wenn man ihm das Problem geſtellt hätte; ſicher ist nur, daß niemand vor Einstein daran gedacht hat, daß überhaupt, mindestens für theoretische Betrachtungen, eine solche Festsetzung getroffen werden muß, wenn das Inbeziehungsetzen der Angaben zweier an verschiedenen Orten befindlicher Uhren Bedeutung haben soll. Wir wollen nun zwei an verschiedenen Orten stattfindende Ereignisse als gleichzeitig bezeichnen, wenn zwei in ihrer unmittelbaren Nähe befindliche, synchron gehende Uhren jeweils dieselbe Zeigerstellung aufweisen. Und wenn zwei Ereignisse zu verschiedenen Uhrzeigerstellungen unmittelbar benachbarter, synchroner Uhren stattfinden, so soll der Unterschied der Zeigerstellungen uns das Maß der Zeitdifferenz der beiden Ereignisse sein. Wir wollen überhaupt hinfort unter der Zeit eines Ereignisses oder dem Zeitpunkt, zu dem es stattfindet, nichts anderes verstehen als die Angabe einer in unmittelbarer Nähe des Ereignisses befindlichen Uhr.

Die beiden Koordinatensysteme.

Wir wollen uns nun vorstellen, wir hätten zwei Koordinatensysteme im Raum K und K'. Wesentlich hierbei sind drei durch Körper festgelegte, aufeinander senkrechte Richtungen, die Körper, die sie festlegen, mögen im übrigen beschaffen sein, wie sie wollen, und wenn nichts anderes gesagt wird, soll stets K' ein System sein, daß sich gegenüber K von einem bestimmten Augenblick ab in der Richtung der positiven X-Achse mit der gleichförmigen Geschwindigkeit v bewegt. Man stelle sich also vielleicht als System K einen geradlinigen Eisenbahndamm und als System K' einen sehr langen und in überaus rascher Fahrt befindlichen Wagen vor. Wir versehen nun die positive X-Achse von K in hinreichend kurzen Abständen mit Uhren, die wir alle nach irgendeiner Methode untereinander synchron stellen, wobei wir die Zeitangaben der Uhr im Nullpunkt als die Grundangaben betrachten wollen. Wir wollen nun ferner auch die X'-Achse mit Uhren versehen, die wir nach ganz derselben Methode untereinander synchron stellen wollen. Auch hier sollen alle anderen Uhren nach derjenigen im Nullpunkt des Systems gestellt werden. Die Zeitangaben der beiden Nullpunktsuhren sollen nun gleichartige sein. Das soll heißen, daß solche gleichartigen Vorgänge in beiden Systemen, die vom Bewegungszustande des Systems unabhängig sind, jeweils mit den zugehörigen Uhren untersucht, gleiche Zeiten dauern. Ist derjenige physikalische Vorgang, der zur Konstruktion der

Uhr gebraucht wird, selbst vom Bewegungszustande des Systems (so=
weit keine Beschleunigung im Spiel ist) unabhängig, wie das z. B. bei
einer ideal konstruierten, durch eine Unruhe regulierten Federuhr der
Fall ist, so kann man sich auch kurz so ausdrücken: die beiden Null=
punktsuhren sollen einander völlig gleich sein. Wir wollen nun ferner
noch annehmen, daß die Nullpunktsuhr des Systems K' in dem Augen=
blick, in dem sie durch den Nullpunkt von K geht, mit der Nullpunkts=
uhr in K genau die gleiche Zeit zeigt. Es fragt sich nun, ob unter
diesen Voraussetzungen stets, wenn irgendwelche zwei Uhren
der beiden gegeneinander bewegten Systeme sich an dersel=
ben Stelle befinden, beide dieselbe Zeit angeben müssen.

Stellen wir uns kurz noch einmal unsere Annahmen vor Au=
gen. Wir haben zwei gegeneinander bewegte Systeme mit Uhren ver=
sehen, wir haben angenommen, die Nullpunktsuhren sollen von gleicher
Beschaffenheit sein und in dem Augenblick, in dem sie unmittelbar be=
nachbart sind, gleiche Zeiten zeigen. Wir haben ferner die Uhren des
einen Systems untereinander synchron gestellt und die Uhren des ande=
ren Systems untereinander synchron gestellt. Das ist aber auch alles.
Unsere Voraussetzungen schließen keineswegs die Annahme in sich,
daß die beiden Nullpunktsuhren untereinander synchron sind.
Ja, wir können diese Annahme gar nicht machen, da sich unsere Methode,
Uhren synchron zu stellen, offenbar nur auf gegeneinander ruhende Uh=
ren bezieht, hier aber die beiden Uhren gegeneinander bewegt sind. Die
Antwort auf diese Frage muß also lauten, daß wir auf Grund der Anga=
ben der Uhren des Systems K zunächst gar nicht wissen können, welche
Zeitangaben die jeweils an denselben Stellen befindlichen Uhren des Sy=
stems K' machen werden. Nur die Erfahrung kann uns hierüber beleh=
ren, ihr werden wir die Entscheidung dieser Frage überlassen müssen. Wir
müssen also mit der Möglichkeit rechnen, daß ein bestimmtes Ereignis,
das auf der X=Achse des Systems K vor sich geht, mit den unmittelbar be=
nachbarten Uhren der Systeme K und K' verglichen, in den beiden Systemen
zu verschiedenen Zeiten stattfindet, d. h. daß die Uhrzeiger der beiden
in Betracht kommenden Uhren eine verschiedene Stellung haben, und
das, obwohl jede von ihnen mit ihrer Nullpunktsuhr synchron geht und
diese, als sie aneinander vorbeiglitten, gleiche Zeiten anzeigten. Es wäre
dann also auch in den beiden Systemen eine verschieden lange Zeit
verstrichen zwischen dem Augenblick, in dem die beiden Nullpunkte sich
deckten, und dem Augenblick des beobachteten Ereignisses. Das würde

also besagen, daß die Messung und Bestimmung einer und derselben Zeitspanne, die von zwei ganz bestimmten physikalischen Vorgängen begrenzt wird, von den beiden verschiedenen Systemen aus nicht zu demselben Ergebnis führt. Physikalische Zeitangaben dürften also nicht mehr schlechthin gemacht werden, als ob sie eine für alle Raumpunkte ohne weiteres gültige Zeit angäben, als ob sie sich auf eine Weltenuhr bezögen, sondern die physikalischen Zeitangaben müßten dann stets eine Mitteilung darüber enthalten, von welchem System aus sie gerechnet sind.

Wohlgemerkt, das sind bisher nur Möglichkeiten, Erwägungen, die für den Fall Gültigkeit bekommen, daß die Erfahrung uns zeigen sollte, die Uhren in K und K' gehen nicht synchron. Wir werden aber alsbald sehen, daß die Erfahrung uns in der Tat diesen Weg führt.

Die Längenmessung.

Zuvor aber wollen wir noch ein zweites Vorurteil beheben, das sich auf die Längenmessung bezieht. Wie messen wir Längen? Befindet sich der auf seine Länge hin zu untersuchende Körper mit dem Beobachter im selben System, also etwa beide in K, so ist die Sache einfach genug und schon im ersten Kapitel besprochen worden. Man legt dann mehrmals hintereinander einen geeigneten Maßstab an den Körper an und bestimmt, wie oftmals man diesen Maßstab anzulegen hat. Die Anzahl der Male, die man den Maßstab anzulegen hat, liefert die Maßzahl der Länge des Körpers. Ganz anders aber müssen wir verfahren, wenn wir die Länge eines Körpers bestimmen wollen, der relativ zu uns bewegt ist. Denken wir uns den zu messenden Gegenstand ruhend in K' und den Messenden in K. Der zu messende Gegenstand soll seine Längserstreckung in der Richtung der X'-Achse haben. Stellen wir uns etwa einen fahrenden Eisenbahnzug vor, dessen Länge von dem Boden aus, über den er hinfährt, bestimmt werden soll. Schließen wir es aus, daß der Beobachter nebenher läuft — denn dann befindet er sich ja in Ruhe im System K', aber in Bewegung gegenüber dem System K —, so wird er sich folgender Methode bedienen müssen. Längs des Bahndamms wird er eine Anzahl von Leuten mit richtiggehenden (d. h. synchron gestellten) Uhren verteilen und wird ihnen vorschreiben, daß zu einer ganz bestimmten Zeit die beiden in diesem Augenblick am Anfang und am Ende des Zuges stehenden Leute diese beiden Stellen auf dem Boden markieren. Dann wird er die so

abgesteckte Länge nach der vorhin angegebenen Methode ausmessen und
als die Länge des Zuges ausgeben. Ein im Zuge befindlicher Mensch
braucht aber diese ganze Zurüstung nicht, um die Zuglänge festzustellen,
er wird sie einfach durch mehrmaliges Hintereinanderlegen eines Maß=
stabes feststellen können. Kehren wir von dem Eisenbahnzug wieder
zu der Ausdrucksweise, die wir sonst anwenden, zurück, so können wir
sagen: Eine Länge auf der X'=Achse mißt ein Beobachter in K' durch
die Methode des Aneinanderlegens von Maßstäben, ein Beobachter in
K dagegen, indem er die Lage des Anfangspunktes und Endpunktes
der zu untersuchenden Strecke „gleichzeitig", d. h. wenn die Uhren des
Systems K am Anfang und Ende der Strecke die gleiche Zeit zeigen,
auf seiner X=Achse markieren läßt. Ist es nun sicher, daß diese beiden
auf verschiedene Weise festgestellten Längenangaben für die
Länge eines und desselben Körpers untereinander gleich sind?
Man möchte das für selbstverständlich halten. Es ist es aber keines=
wegs. Hier liegen zwei ganz verschiedene Untersuchungen vor, die sich
zwar auf denselben Körper beziehen, aber doch jede in ihrer eigenen
Weise. So bedarf man — um einen charakteristischen Unterschied her=
vorzuheben — für die eine Methode nur eines Maßstabes, für die
andere dagegen benötigt man auch noch Uhren. Da wir uns aber schon
soeben davon überzeugt haben, daß die Zeitmessung noch Besonderheiten
in sich enthält, die wir bis jetzt noch nicht aufgeklärt haben, so wird
Vorsicht vonnöten sein beim Vergleich zweier Methoden, von denen die
eine eine Zeitmessung verwendet, die andere dagegen nicht. Wir wollen
also auch diese Frage noch vorläufig in der Schwebe lassen.

Die Frage nach den Transformationsgleichungen.

Suchen wir uns jetzt zunächst das mathematische Gewand, in
das wir die soeben berührten Fragen werden kleiden müssen, wenn
wir sie beantworten wollen. Wir wollen wissen, erstens, welche Zeit
zeigt eine Uhr des Systems K', die sich zu einer bestimmten Zeit des
Systems K an einer bestimmten Stelle des Systems K befindet, und
wir wollen zweitens wissen, welcher Abstand einem Punkte vom Null=
punkte des Systems K' zukommt, der zu einer bestimmten Zeit des
Systems K einen bestimmten Abstand vom Nullpunkt des Systems
K hat. Verstehen wir unter x, y, z, t die drei Ortskoordinaten eines
Ereignisses in K und seinen Zeitmoment, ebenfalls nach Uhren in K
bestimmt, und unter x', y', z', t' die Ortskoordinaten desselben Ereig=

niſſes in K' und ſeinen Zeitmoment, nach Uhren beſtimmt, die dem Syſtem K' angehören und in ihm ſynchron laufen, ſo kommt es darauf an, diejenigen Transformationsgleichungen aufzufinden, die von K nach K' und umgekehrt von K' nach K überführen, das heißt, die es geſtatten, x', y', z' und t' zu berechnen, wenn man x, y, z und t kennt, oder, wie man ſich auch ausdrücken kann, die die geſtrichenen Koordinaten als Funktionen der ungeſtrichenen Koordinaten darſtellen.

Dieſes Unternehmen ſieht nun auf den erſten Blick eigentlich hoffnungslos aus, denn wir haben hier zwei verſchiedene Syſteme, jedes mit ſeinen eigenen Maßſtäben und Uhren ausgerüſtet. Was iſt ihnen beiden gemeinſam, das uns zu einer Vergleichsmeſſung hülfe? Denn nur dann kommen wir zu den Transformationsgleichungen, wenn es uns gelingt, einen phyſikaliſchen Vorgang ausfindig zu machen, von dem wir angeben können, wie er ſich von K aus gemeſſen und von K' aus beobachtet darſtellen muß, und wenn wir die beiden Ergebniſſe miteinander vergleichen können. Dafür wird ſich nun aber Rat ſchaffen laſſen. Wir kommen jetzt dazu, diejenigen Hypotheſen aufzuſtellen, die uns hier weiter helfen können.

Andere Formulierung des Problems.

Wir haben zu Anfang dieſes Kapitels die beiden ſo ſchwer zu vereinigenden Verſuche von Fizeau und Michelſon noch einmal einander gegenübergeſtellt. Wir können ſie in folgender Weiſe ausdeuten. Geht ein Lichtſtrahl durch ein Medium hindurch, das gegen den Standpunkt des Beobachters bewegt iſt, ſo nimmt das Medium das Licht nicht mit, das Licht breitet ſich im Syſtem des Beobachters vielmehr auch durch das bewegte Medium hindurch nach allen Seiten gleich ſchnell aus, gleichviel welcherlei Bewegungen das Medium ausführt, wenigſtens, wenn das Medium Luft iſt. Geht aber ein Lichtſtrahl durch ein bewegtes Medium hindurch und wird von einem mitbewegten Beobachter unterſucht, ſo breitet es ſich auch in dieſem Syſtem nach allen Richtungen gleichmäßig aus. Denken wir uns den Fizeauverſuch mit Luft ausgeführt und eine höchſt intelligente Fliege im Luftſtrom, ſo würde ſie das Licht im Luftſtrom nach allen Seiten gleichmäßig ſchnell bewegt finden (nach dem Michelſonverſuch), der außen beobachtende Menſch aber würde die Lichtbewegung als gleichmäßig in der umgebenden ruhenden Luft wahrnehmen. Es iſt alſo — ſo können wir dieſe beiden Tatſachen zuſammenfaſſen — dem

Beobachter nicht möglich, mit Hilfe optischer Untersuchungen seinen Bewegungszustand festzustellen. Auf Grund des optischen Befundes kann er vielmehr stets annehmen, er ruhe im Äther. Da das aber jeder andere Beobachter in irgendwelchen anderen Systemen, die zu dem ersten sich in gleichförmiger Translationsbewegung befinden, ebenfalls von sich annehmen kann, so ist gar nicht ausfindig zu machen, wie eines dieser Systeme vor dem anderen bevorzugt sein soll. Man hat den Michelsonversuch oft genug wiederholt. Man hat später auch einige andere, namentlich elektrische Versuche (auch die Optik ist ja heute nur ein Spezialgebiet der Elektrizitätslehre) anstellen können, um den Bewegungszustand der Erde gegenüber dem Äther festzustellen. Sie waren alle von demselben Erfolge, es gelang nicht, den Bewegungszustand der Erde gegenüber dem Äther zu bestimmen, obwohl die Messungen hinreichend fein waren. Alles verhielt sich so, als ob die Erde im Äther ruhte. So gewann man denn allmählich die Überzeugung, daß es überhaupt unmöglich sein würde, den Bewegungszustand der Erde gegen den Äther festzustellen. Daß mechanische Messungen nicht zur Feststellung einer absoluten gleichförmigen Translationsbewegung ausreichten (wenn darunter eine Bewegung gegenüber einem ausgezeichneten Inertialsystem verstanden wird), haben wir schon gesehen und haben diese Einsicht als das Relativitätsprinzip der Mechanik bezeichnet. Wir dürfen nun annehmen, daß auch optisch-elektrische Messungen zu einer solchen Feststellung nicht führen, und müssen danach wohl auch zugeben, daß wir überhaupt kein Mittel besitzen, der Erde einen bestimmten Bewegungszustand gegenüber irgendeinem von Natur ausgezeichneten System zuzuschreiben, weil wir kein derartiges System finden können. Weder ließ sich „das" Inertialsystem auffinden, vielmehr gibt es deren unzählige, noch läßt sich jetzt das System des ruhenden Äthers angeben — vielmehr sieht es so aus, als ob der Äther in sehr vielen Systemen ruhte. Denn es ist ja gar nicht einzusehen, welchen Vorzug die Erde etwa vor anderen Systemen haben sollte, der Äther wird doch nicht gerade zufällig im Erdsystem ruhen. Ein in vielen Systemen ruhender Äther ist aber ein Unding, und so wird es wohl geraten sein, zunächst einmal ganz von der Hypothese des Äthers, die unbedingt ein bevorzugtes System, das des Äthers, verlangt, abzusehen, und eine Hypothese anzunehmen, die der Vergeblichkeit aller Versuche, den Bewegungszustand der Erde in diesem Äther zu ergründen, Rechnung trägt.

Das Relativitätsprinzip.

Diese Hypothese ist das Relativitätsprinzip. Es mögen hier zunächst zwei der bekannten Formulierungen dieses Prinzips stehen. Zunächst diejenige, die Einstein ihm in seinem ersten Aufsatz über diese Theorie gegeben hat: „Die Gesetze, nach denen sich die Zustände der physikalischen Systeme ändern, sind unabhängig davon, auf welches von zwei relativ zueinander in gleichförmiger Translationsbewegung befindlichen Koordinatensystemen diese Zustandsänderungen bezogen werden." Sodann diejenige, die Laue ihm in seiner zusammenfassenden Darstellung gegeben hat: „Man kann aus der Gesamtheit der Naturerscheinungen durch immer weiter gesteigerte Annäherung immer genauer ein Bezugssystem x, y, z, t bestimmen, in welchem die Naturgesetze in bestimmten, mathematisch einfachen Formen gelten. Dies Bezugssystem ist aber durch die Erscheinungen keineswegs eindeutig festgelegt. Vielmehr gibt es eine dreifach unendliche Mannigfaltigkeit gleichberechtigter Systeme, welche sich gegeneinander mit gleichförmigen Geschwindigkeiten bewegen." Beide Formulierungen wollen im Grunde auf dasselbe hinaus. Es gibt gewisse Systeme, die sich vor anderen dadurch auszeichnen, daß sich die Gesetze über die Änderungen der Zustände physikalischer Systeme, d. h. die Naturgesetze, in ihnen in besonders einfachen Gleichungen darstellen lassen. Aber es gibt eben viele solche Systeme, unter denen nun keines weiter hervorgehoben ist.

Das Prinzip von der Konstanz der Lichtgeschwindigkeit.

Mit diesem Prinzip verbindet sich nun ein zweites, das man wohl als den eigentlichen Schlüssel der Transformationsgleichungen ansprechen darf, das Prinzip von der Konstanz der Lichtgeschwindigkeit. Wir sagten vorhin (S. 54), daß es zur Auffindung der Transformationsgleichungen notwendig sei, einen Vorgang ausfindig zu machen, den man in beiden Systemen beobachten kann. Als solcher Vorgang bietet sich nun die Lichtausbreitung dar. Der Fizeau= und der Michelsonversuch zusammen haben ergeben, daß das Licht sich in mehreren gleichförmig geradlinig gegeneinander bewegten Systemen nach allen Seiten gleichmäßig ausbreitet. Macht man nun erst die Annahme der Relativität, d. h. der Gleichwertigkeit aller dieser Systeme, so liegt kein Grund vor, die Lichtgeschwindigkeit in dem einen System für größer zu halten als im anderen.

Auch die vorrelativistische Physik kannte schon einen Satz von der Konstanz der Lichtgeschwindigkeit, der sich allerdings auf den Äther als Grundsystem bezog. Sie nahm an, daß die Lichtgeschwindigkeit im freien und unbeweglichen Äther unabhängig vom Bewegungszustande der Lichtquelle, von der Farbe des Lichtes und von Massen sei, die sich etwa in der Nähe des Lichtweges befinden. Ein gegen den Äther bewegter Beobachter hätte aber nach dieser Anschauung nicht dieselbe Lichtgeschwindigkeit bezüglich seines Systems gefunden wie ein im Äther ruhender. Jetzt aber, da wir vom Äther ja ganz absehen, nehmen wir an, daß die Lichtgeschwindigkeit auch für alle gleichförmig geradlinig gegeneinander bewegten Systeme dieselbe sei, daß also z. B. ein und derselbe Lichtstrahl zwei gegeneinander bewegten Beobachtern sich gleich schnell zu bewegen scheint. Diese Annahme geht nun zwar über den Erfahrungsbefund hinaus, muß aber gemacht werden, wenn man das Relativitätsprinzip einmal angenommen hat. Denn wenn die Lichtgeschwindigkeit in verschiedenen Systemen verschieden wäre, so könnte man jedes System durch die ihm zugehörige Lichtgeschwindigkeit kennzeichnen und das System, in dem die Lichtgeschwindigkeit den kleinsten oder den größten Wert hatte, würde eine ausgezeichnete Rolle spielen. Der Vorgang, dessen wir zur Ableitung der Transformationsgleichungen bedürfen, wird also durch das Relativitätsprinzip selbst nahegelegt. Es ist die Ausbreitungsgeschwindigkeit des Lichtes im „leeren Raum", d. h. der Vorgang, für dessen Beschreibung es kein natürliches oder bevorzugtes Koordinatensystem gibt, der vielmehr — nachdem wir den Äther aufgegeben haben — auf jedes beliebige körperliche Koordinatensystem gleich gut bezogen werden kann.

Erinnern wir uns dessen, was wir im ersten Kapitel über die Ausbildung einer Theorie gesagt haben. Einer Theorie liegen Annahmen oder Hypothesen zugrunde, die man versuchsweise benutzt, um Schlüsse aus ihnen zu ziehen. Stimmen diese Schlüsse mit den Ergebnissen der Versuche überein, so darf man das Ganze als eine gelungene Theorie betrachten. Anderenfalls wird man die Voraussetzungen abändern oder fallen lassen müssen. Wir machen nun die Voraussetzung der Relativität aller gleichförmig geradlinig gegeneinander bewegten Systeme und benutzen die Konstanz der Lichtgeschwindigkeit in diesen Systemen, um den Zusammenhang zwischen ihnen herzustellen, und sehen zu, welche Folgerungen sich hieraus ergeben.

VI. Ableitung der Transformationsgleichungen.

Es sind also zwei Prinzipien, die wir jetzt unseren Ableitungen zugrunde legen, die allerdings in einem inneren Zusammenhange stehen und erst in Gemeinschaft das Mittel bieten, die von uns gewünschten Transformationsgleichungen herzuleiten. Das erste ist das Prinzip der Relativität, das zweite ist das Prinzip der Konstanz der Lichtgeschwindigkeit.

Festsetzung über die Uhrstellung.

Zunächst führen uns diese Annahmen zu einer bestimmten Auswahl unter den möglichen Methoden, die Uhren eines und desselben Systems untereinander synchron zu stellen. Da wir ja angenommen haben, daß in allen gegeneinander gleichförmig bewegten Koordinatensystemen das Licht sich nach allen Seiten mit gleicher Geschwindigkeit bewegt, so sind optische Signale nunmehr durchaus geeignet, die Uhrstellung zu vermitteln. Diese Möglichkeit ist, wohlgemerkt, erst eine Folge der Ergebnisse des Michelsonversuches, denn solange man mit dem Äther rechnete, mußte man annehmen, wie wir es ja auch ursprünglich getan haben, daß sich das Licht in einem zum Äther bewegten System nach den verschiedenen Seiten mit verschiedenen Geschwindigkeiten bewegen würde. Wir setzen jetzt also fest, daß wir solche Uhren als synchron bezeichnen, deren Übereinstimmung in folgender Weise hergestellt worden ist. Ein Lichtstrahl gehe zur Zeit t_1 vom Punkte A aus, werde im Punkte B gespiegelt und gelange zur Zeit t_2 nach A zurück. Die Uhr im Punkte B geht mit der in A synchron, wenn sie bei Ankunft des Signals die Zeit $\frac{1}{2}(t_1 + t_2)$ gezeigt hat. Bei unserer Annahme, daß das Licht sich an allen Orten und in allen Richtungen, von einem Galileisystem aus untersucht, gleichförmig ausbreitet, wird bei dieser Definition der Synchronität auch der Bedingung genügt, daß, wenn zwei Uhren mit einer dritten synchron gehen, sie untereinander synchron gehen. Diese Möglichkeit, die Uhren durch Lichtsignale zu stellen, ist von großer Bedeutung. Denn ein und dasselbe Lichtsignal kann zur Stellung der Uhren in verschiedenen Systemen dienen. Das Licht läuft nach unserer zweiten Annahme nämlich sozusagen außerhalb aller Systeme, gehört keinem System in besonderer Weise an, auch nicht etwa dem System, in welchem die Lichtquelle ruht. Diese Eigentümlichkeit kommt nur dem Lichte und den ihm gleichartigen Strahlenarten zu. Nicht aber beispielsweise dem Schall. Der Schall ist in einer besonderen Weise dem System zugehörig, in dem der Schallträger, also etwa die Luft, ruht, die Gewehrkugel ist in besonderer Weise dem System zugehörig, in dem das Gewehr ruht. Das Licht allein ist Kosmopolit, in jedem System in gleicher Weise zu Hause.

Mathematische Formulierung der Bedingungen.

Denken wir uns also in dem Augenblick, in dem die Nullpunkte zweier Systeme K und K' sich decken, in diesem Nullpunkt ein Lichtsignal aufblitzen. Das Licht wird sich nach allen Seiten des Raumes ausbreiten, und zwar in beiden Systemen gleichförmig und mit derselben Geschwindigkeit. Dae Licht wird sich also in K fortwährend auf der Oberfläche einer Kugel befinden, deren Mittelpunkt der Nullpunkt von K ist. Die Kugel wird sich ständig erweitern, und alle Uhren, an denen das Licht vorbeikommt, werden in diesem Augenblick geradesoviel zeigen müssen, als sich durch Division ihres Abstandes vom Nullpunkt durch die Lichtgeschwindigkeit ergibt, wenn sie alle synchron sein sollen. Da nun

$$x^2 + y^2 + z^2 = r^2$$

die Gleichung einer Kugel um den Nullpunkt als Mittelpunkt mit r als Radius darstellt, so wird die sich ständig erweiternde Lichtkugel dargestellt durch die Gleichung

$$x^2 + y^2 + z^2 = c^2 t^2.$$

Das also ist der mathematische Ausdruck für den Vorgang der Lichtausbreitung im System K. Wie stellt sich nun derselbe Vorgang im System K' dar? Hier muß das Relativitätsprinzip in Verbindung mit dem Prinzip von der Konstanz der Lichtgeschwindigkeit antworten. Auch für einen Beobachter in K' muß die Lichtausbreitung auf sich stets erweiternden Kugelflächen vorgehen, allerdings um den Nullpunkt von K' als Mittelpunkt. Mit Hilfe von Maßstäben und Uhren, die in K' ruhen, untersucht, muß die mathematische Darstellung genau desselben Vorganges der Lichtausbreitung also zu einem völlig gleichartigen Ausdruck, zu der Gleichung

$$x'^2 + y'^2 + z'^2 = c^2 t'^2$$

führen.

Die gesuchten Transformationsgleichungen müssen also so beschaffen sein, daß sich die zweite Gleichung aus der ersten ergibt, wenn man die x, y, z, t durch die x', y', z' und t' ausdrückt.[1]) Damit haben wir den eigentlichen Ansatzpunkt für die mathematische Behandlung gewonnen, wenn wir noch hinsichtlich der abzuleitenden Transformationsgleichungen die einschränkende Bedingung stellen, daß sie linear sein sollen. Diese Bedingung hat physikalische Gründe. Mathematisch könnte man ja beliebige Funktionalzusammenhänge zwischen den Koordinaten des einen und des anderen Systems zulassen. Physikalisch aber muß man vor allen Dingen verlangen, daß die gegenseitige Zuordnung von Punkten des einen und des anderen Systems eindeutig und stetig sei, und daß die Transformationsgleichungen dem Umstande Rechnung tragen, daß der Raum als in jeder Hinsicht isotrop und homogen anzusehen ist, d. h. daß es in ihm weder bevorzugte Richtungen (daß er also keine Kristallstruktur hat) noch Unterschiede des Ortes gibt, daß also an einer Stelle des Raumes die Vorgänge verlaufen wie an jeder anderen. Analoges gilt von der Zeit. Es soll für den Verlauf eines Vorganges belanglos sein, ob er zu Anfang der Zeitrechnung oder erst später vor sich geht. Diese Bedingungen werden nur dann erfüllt, wenn wir die Transformationsgleichungen linear wählen. Damit haben wir uns nun die Aufgabe vollständig gestellt und so, daß sie nur eine bestimmte Lösung zuläßt. Wir fassen das alles noch einmal zusammen. Wir suchen diejenigen linearen Transformationsgleichungen zwischen den x, y, z, t und den x', y', z', t', welche die Gleichung

$$(17) \qquad x^2 + y^2 + z^2 - c^2 t^2 = 0$$

---

1) Man hätte auch in folgender Weise argumentieren können. Das Relativitätsprinzip verlangt Gleichförmigkeit der Naturgesetze in allen gegeneinander in gleichförmiger Translationsbewegung befindlichen Systemen. Konstanten, die in diesen Gesetzen etwa vorkommen, müssen „Invarianten" der Transformation sein, d. h. sie dürfen ihren Wert nicht ändern. Kennt man nun ein Naturgesetz „genau", so kann man nach denjenigen Transformationsgleichungen fragen, durch die die Form dieses Gesetzes nicht geändert wird. Alle auf empirischer Grundlage aufgestellten Gesetze sind aber ungewiß wegen der Grenzen der Beobachtungsgenauigkeit. Deshalb wird die Exaktheit eines Gesetzes als Hypothese gebraucht, und dieses Gesetz ist das von der Lichtausbreitung, welches das Prinzip von der Konstanz der Lichtgeschwindigkeit umfaßt. Die Lichtgeschwindigkeit ist eben hiernach eine universelle Konstante und muß eine Invariante der gesuchten Transformationsgleichungen werden.

in die Gleichung

$$(18) \qquad x'^2 + y'^2 + z'^2 - c^2 t'^2 = 0$$

überführen. Und wir erinnern noch einmal an die Bedeutung unserer Systeme K und K'. Es soll K' ein Koordinatensystem sein, das sich gegen K in der Richtung der positiven X-Achse mit der gleichförmigen Geschwindigkeit v bewegt, so daß die Y'- und Z'-Achsen beständig den Y- und Z-Achsen parallel sind.[1])

Ansatz der Transformationsgleichungen.

Wir hätten demnach jetzt vier lineare Transformationsgleichungen für die Veränderlichen x, y, z, t anzusetzen. Nun zeigt sich aber sofort, daß infolge der speziellen Wahl, die wir hinsichtlich der Anfangslage und der Bewegungsrichtung der beiden Systeme gegeneinander getroffen haben, diese Gleichungen besonders einfach, d. h. mit einer sehr geringen Anzahl zu bestimmender Konstanten ausfallen. Es ist zunächst klar, daß die Transformationsgleichungen homogen sein müssen, da ja für $x = y = z = t = 0$ auch $x' = y' = z' = t' = 0$ sein soll.[2]) Weiter aber sieht man, daß offenbar die Transformationsgleichungen für die x- und t-Koordinate eine besondere Rolle spielen werden, für die x-Koordinate, weil die Bewegungsrichtung mit der X-Achse zusammenfällt, für die t-Koordinate, weil sie sowieso den drei Raumkoordinaten gegenüber eine Sonderstellung einnimmt und auch bei der Bewegung in Betracht kommt. Dagegen müssen die Transformationsgleichungen für die y- und z-Koordinate ganz gleichartig sein. Nun folgt aus den Eigenschaften der Isotropie und Homogeneität des Raumes und der Homogeneität der Zeit, daß y' nur von y abhängen kann. Um das einzusehen, denken wir uns in der XY-Ebene senkrecht auf der X'-Achse einen Stab stehen. Durch die y-Koordinate des

---

1) Der Leser, dem es auf die Nachprüfung der Einzelheiten nicht ankommt, mag ohne Schaden für das Verständnis die folgenden Ausführungen überspringen und von S. 65 weiterlesen.

2) Homogen heißt eine Gleichung dann, wenn alle ihre Glieder vom gleichen Grade sind, für lineare Gleichungen bedeutet das im besonderen, daß sie keine absoluten Glieder enthalten. Die denkbar allgemeinsten hier in Betracht kommenden linearen homogenen Gleichungen würden also

$$x' = a_1 x + b_1 y + c_1 z + d_1 t$$
$$y' = a_2 x + b_2 y + c_2 z + d_2 t$$
$$z' = a_3 x + b_3 y + c_3 z + d_3 t$$
$$t' = a_4 x + b_4 y + c_4 z + d_4 t$$

heißen müssen, und in der Tat würde es bei einer allgemeinen Behandlung des Problems notwendig sein, die sämtlichen 16 Konstanten zu bestimmen. Für die physikalische Untersuchung bedeutet aber unsere Annahme keine Einschränkung, da uns ja die Wahl der Koordinatensysteme stets völlig in die Hand gegeben ist.

Endpunktes dieses Stabes wird seine Länge bestimmt. Würde nun y' von x abhängen, so würde das besagen, daß derselbe Stab an einer vom Nullpunkt entfernteren Stelle der X-Achse eine andere Länge hätte, das würde aber einen Verstoß gegen die Homogeneität des Raumes bedeuten, denn man dürfte dann den Koordinatenanfangspunkt nicht beliebig wählen. Ebenso kann y' nicht von z abhängen, denn y' bedeutet den Abstand eines Punktes

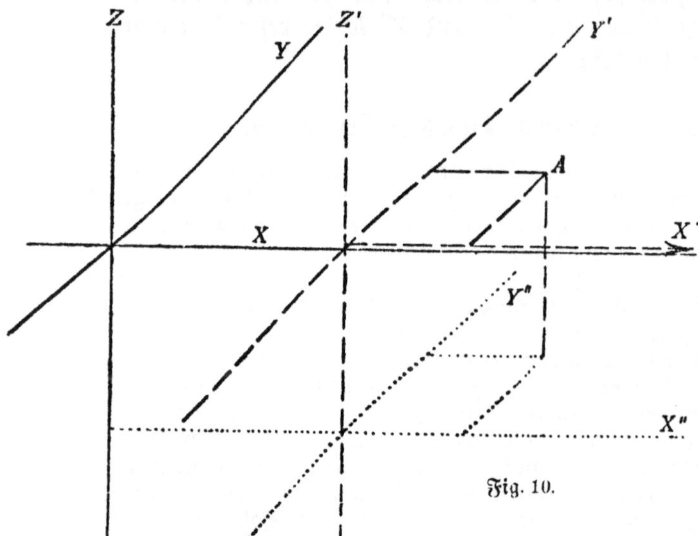

von der $X'Z'$-Ebene. Die z-Koordinate dieses Punktes (A in Fig. 10) würde sich nun ändern, wenn die X- und X'-Achse sich selbst parallel „tiefer" gelegt würde. Das y', der Abstand von der $X'Z'$-Ebene, aber kann sich hierdurch offenbar nicht ändern, denn wir können uns ja dieses y' wieder durch einen Stab repräsentiert denken, und seine Länge kann doch nicht abhängig davon sein, ob wir die gemeinsame X-Achse höher oder tiefer legen, wenn sie nur in die Bewegungsrichtung der Systeme gegeneinander fällt. Fig. 10 läßt das deutlich hervortreten. Auch von der Zeit t kann y' nicht abhängig sein, es würde sonst der gedachte Stab zu verschiedenen Zeiten verschiedene Längen haben, ohne daß physikalische Umstände diese Längenänderung bewirkt hätten, denn seinen Bewegungszustand nehmen wir ja als unveränderlich an. Das würde aber heißen, daß verschiedene Zeitpunkte physikalisch ungleichwertig wären — ein Widerspruch gegen die angenommene Homogeneität der Zeit. Genau aus den entsprechenden Gründen kann nun auch z' nur von z abhängen.[1]) Ferner kann auch x' weder von y noch z abhängen. Denn denke ich mir einen Stab in der X'-Achse liegen mit seinem einen Endpunkt im Anfang, so bestimmt seine Länge die x-Koordinate seines anderen Endpunktes und bleibt natürlich auch ungeändert, wenn wir der X-Achse bei unveränderter Richtung eine schrägseitlich verschobene Lage geben, während sich hierdurch das y und z des Endpunktes des Stabes geändert haben. Schließlich müssen wir auch t' als von y und z unabhängig annehmen. Denn auch hier dürfen wir wieder nicht annehmen, daß die Stellung irgendwelcher Uhren sich dadurch ändert, daß wir der X- und X'-Achse eine andere, der ursprünglichen

---

1) Das heißt also, daß in den S. 61 Anm. 2 ausgeschriebenen Gleichungen die Konstanten a_2, c_2, d_2 und a_3, b_3, d_3 zu Null werden.

parallele Lage geben. Hierdurch ändert sich aber wieder das y und z einer jeden Uhr.[1]) Nun ist aber auch klar, daß wegen der Gleichwertigkeit aller Raumrichtungen y' in derselben Weise von y abhängen muß wie z' von z[2]), so daß wir schließlich zu folgendem Ansatz gelangen:

$$(19) \quad \begin{aligned} x' &= m\,x + n\,t \\ y' &= o\,y \\ z' &= o\,z \\ t' &= p\,x + q\,t \end{aligned}$$

wenn wir unter den Buchstaben $m \ldots q$ noch zu bestimmende Konstanten verstehen. Nun läßt sich zunächst weiter zeigen, daß der zweimal auftretende Faktor o gleich 1 sein muß.

Denken wir uns an der X- und X'-Achse je einen Blechstreifen von gleicher Breite befestigt, so daß beide Streifen in der XY-Ebene liegen und aufeinander schleifen. Dann darf wegen der Gleichwertigkeit beider Systeme keiner der beiden Streifen den anderen überragen, denn das wäre ein von beiden Systemen in gleicher Weise beobachtbares Faktum, das die hinsichtlich ihres Bewegungszustandes gleichwertigen Systeme ungleichwertig machen würde. Das bedeutet aber, daß $y' = y$ und entsprechend auch $z' = z$ sein muß.

Schließlich läßt noch eine Vereinfachung auf Grund physikalischer Erwägungen anbringen. Da wir die Zeitrechnung von dem Augenblick an zählen, in dem sich die Nullpunkte decken, und dem System K' die Geschwindigkeit v gegen K zuschreiben, so hat der Nullpunkt von K' in jedem Augenblick den Abstand vt vom Nullpunkt des Systems K. D. h.

$$(19\,a) \qquad \text{für } x' = 0 \text{ soll stets } x = vt \text{ sein.}$$

Setzen wir dies in die erste der Gleichungen (19) ein, so erhalten wir:

$$0 = m\,vt + n\,t$$

oder durch t dividiert: $\qquad n = -\,m\,v,$

so daß wir schließlich folgende vier Gleichungen erhalten, in denen nun nur noch drei Konstanten zu bestimmen bleiben:

$$(20) \quad \begin{aligned} x' &= m(x - vt) & z' &= z \\ y' &= y & t' &= p\,x + q\,t \end{aligned}$$

Jetzt erinnern wir uns der Bedingung, die diese Gleichungen erfüllen sollen (Gl. 17/18). Diese Bedingung ist erfüllt, wenn die Transformationsgleichungen bewirken, daß für beliebige Koordinaten die Gleichung gilt:

$$x^2 + y^2 + z^2 - c^2 t^2 = a(x'^2 + y'^2 + z'^2 - c^2 t'^2),$$

in der a eine zunächst beliebige Konstante bedeutet.

Diese Gleichung ist, wie man sofort sieht, eine hinreichende Bedingung für die Erfüllung der oben aufgestellten Forderung, sie ist aber auch eine

---

1) Das besagt also, daß in den Gleichungen S. 61 Anm. 2 auch die Konstanten b_1, c_1 und b_4, c_4 Null sind.

2) Das besagt, daß in obigen Gleichungen $b_2 = c_3$ sein muß.

notwendige Bedingung, wie sich durch mathematische Überlegungen erweisen läßt[1]), und ist somit ein vollgültiger Ersatz der ursprünglichen Bedingung.

Ausrechnung der Konstanten.

Nun liefert uns die Methode des Koeffizientenvergleichs[2]) die Konstante a und die noch zu bestimmenden drei Koeffizienten m, p, q. Wir führen die elementaren Rechnungen ohne weitere Erläuterungen durch:

$$x^2 + y^2 + z^2 - c^2t^2$$
$$= a(m^2x^2 - 2m^2vxt + m^2v^2t^2 + y^2 + z^2 - c^2p^2x^2 - 2c^2pqxt - c^2q^2t^2)$$
$$= a(m^2 - c^2p^2)x^2 - 2a(m^2v + c^2pq)xt + a(m^2v^2 - c^2q^2)t^2 + ay^2 + az^2.$$

Der Vergleich von y und z liefert sofort:

$$a = 1.$$

Demnach bleiben die drei Gleichungen:

$$\text{I.}\quad m^2 \quad - c^2p^2 = 1$$
$$\text{II.}\quad m^2v + c^2pq = 0$$
$$\text{III.}\quad m^2v^2 - c^2q^2 = -c^2$$
$$v \times \text{II.}\quad m^2v^2 + c^2vpq = 0$$
$$\text{III.}\quad \underline{m^2v^2 - c^2q^2 = -c^2}$$
$$c^2vpq + c^2q^2 = c^2$$
$$vpq = 1 - q^2$$
$$p = \frac{1 - q^2}{vq}$$

$$\text{III.}\quad m^2 = \frac{c^2(q^2 - 1)}{v^2}$$

$$\text{I.}\quad \frac{c^2(q^2 - 1)}{v^2} - \frac{c^2(1 - q^2)^2}{v^2q^2} = 1$$
$$c^2q^4 - c^2q^2 - c^2 + 2c^2q^2 - c^2q^4 = v^2q^2$$
$$c^2q^2 - c^2 = v^2q^2$$
$$q^2 = \frac{c^2}{c^2 - v^2}$$
$$q = \frac{1}{\sqrt{1 - \dfrac{v^2}{c^2}}}$$

---

1) Zwei quadratische Formen derselben Veränderlichen können nur dann für unendlich viele Wertsysteme gemeinsam verschwinden, wenn sie sich nur durch einen konstanten Faktor unterscheiden.

2) Zwei ganz rationale Funktionen derselben Variabeln sind identisch gleich, wenn die Koeffizienten entsprechender Glieder einander gleich sind.

$$p = \frac{\dfrac{c^2 - v^2 - c^2}{c^2 - v^2}}{\dfrac{vc}{\sqrt{c^2 - v^2}}} = \frac{- v^2}{vc\sqrt{c^2 - v^2}} = - \frac{v}{c^2} \frac{1}{\sqrt{1 - \dfrac{v^2}{c^2}}}$$

$$m^2 = \frac{c^2}{v^2} \frac{c^2 - c^2 + v^2}{c^2 - v^2} = \frac{c^2}{c^2 - v^2}$$

$$m = \frac{1}{\sqrt{1 - \dfrac{v^2}{c^2}}}.$$

Die von uns gesuchten Transformationsformeln sind dann die folgenden vier Gleichungen:

$$(22) \quad \begin{aligned} x' &= k(x - vt) \qquad z' = z \\ y' &= y \qquad\qquad t' = k\left(t - \frac{v}{c^2}x\right) \end{aligned} \qquad k = \frac{1}{\sqrt{1 - \dfrac{v^2}{c^2}}}.$$

Man nennt die durch diese Gleichungen vermittelte Transformation eine „Lorentztransformation" im Gegensatz zu der durch die Gleichungen (1), die noch durch die vierte Gleichung $t' = t$ zu ergänzen sind, dargestellten „Galileitransformation". Man kann auf Grund dieser Gleichungen auch umgekehrt die ungestrichenen Koordinaten durch die gestrichenen ausdrücken, und dabei werden wir zu ganz entsprechenden Gleichungen geführt, in denen nur überall v durch $- v$ ersetzt ist, wie das ja auch physikalisch von vornherein zu erwarten ist. Beide Systeme sind ja an sich gleichberechtigt. Der einzige Unterschied ist, daß für den Beobachter in K sich K' in der positiven Richtung, also mit der Geschwindigkeit v, dagegen für den Beobachter in K' das System K sich in der negativen Richtung, also mit der Geschwindigkeit $- v$ bewegt. Wir schreiben diese inversen Gleichungen hin, ohne die zu ihnen führende (übrigens ganz elementare) Rechnung wiederzugeben:

$$(23) \quad \begin{aligned} x &= k(x' + vt') \qquad z = z' \\ y &= y' \qquad\qquad t = k\left(t' + \frac{v}{c^2}x\right). \end{aligned}$$

VII. Physikalische Bedeutung der Transformationsgleichungen und die ersten Folgerungen.

Bewegte Stäbe.

Wir wenden uns nun der Frage zu, was diese Gleichungen in physikalischer Hinsicht aussagen. Untersuchen wir zunächst die erste Gleichung. Zu diesem Zwecke wollen wir die Länge eines und desselben Stabes von beiden Systemen aus bestimmen. Er möge sich in System K' in Ruhe befinden, und die Koordinaten seines Anfangs- und Endpunktes seien in diesem System x_1' und x_2'; die entsprechenden Punkte im System K zur Zeit t mögen x_1 und x_2 heißen. Dann hat er in K' die Länge $x_2' - x_1'$ und in K die Länge $x_2 - x_1$. Um beide Längen miteinander vergleichen zu können, bilden wir deren Verhältnis $\dfrac{x_2' - x_1'}{x_2 - x_1}$ und ersetzen die im Zähler stehenden Koordinaten des gestrichenen Systems durch die des ungestrichenen nach (22). Dann ist

$$\frac{x_2' - x_1'}{x_2 - x_1} = \frac{k(x_2 - vt) - k(x_1 - vt)}{x_2 - x_1} = k. \;{}^{1})$$

k ist nun eine Größe, die zwar im allgemeinen von 1 nur äußerst wenig verschieden ist, aber doch um ein geringes größer ist als 1.[2]) Es ergibt sich somit, daß ein und derselbe in K' befindliche Stab, der in der Bewegungsrichtung liegt, in K' gemessen und in K gemessen, verschiedene Länge zeigt, und zwar erscheint er dem Beobachter in K kürzer als dem Beobachter in K'. Oder um es noch deutlicher zu machen: Denken wir uns einen Meterstab, den ein Beobachter in K auf seine Richtigkeit hin kontrolliert hat, einem im System K' befindlichen Be-

---

1) Scheinbar liefert der Bruch den Wert $\dfrac{1}{k}$, wenn man statt des Zählers den Nenner nach (23) umformt. Das ist aber ein Trugschluß, denn, wenn x_2 und x_1 die Endpunktskoordinaten zur Zeit t des ruhenden Systems sind, so sind t_1' und t_2' nicht gleich.

2) Für Näherungsrechnungen merken wir uns, daß

$$k = \frac{1}{\sqrt{1 - \dfrac{v^2}{c^2}}} = 1 + \frac{1}{2}\frac{v^2}{c^2} \quad \text{und} \quad \frac{1}{k} = \sqrt{1 - \frac{v_2}{c_2}} = 1 - \frac{1}{2}\frac{v^2}{c^2}$$

gesetzt werden dürfen. Vgl. Anm. 1. S. 41.

obachter hinübergereicht. Dieser legt ihn in die Richtung der X'-Achse, und ein Beobachter aus K mißt nun noch einmal die Länge des Stabes nach, allerdings in der Weise, in der allein bewegte Körper gemessen werden können[1]), und findet, daß der Stab jetzt kürzer geworden ist. Seine Länge beträgt nur mehr $1/k$ m.

Hier kommen wir also auf Grund des Relativitätsprinzips nnd der Hypothese der Konstanz der Lichtgeschwindigkeit zu demselben Ergebnis — und zwar auch numerisch zu demselben Ergebnis —, das Lorentz als eine besondere Hypothese zur Erklärung des Michelsonversuches eingeführt hatte. Die Relativitätstheorie liefert die Lorentzkontraktion.

Bewegte Uhren.

Sehen wir nun zu, was uns die Gleichungen über die Zeiten in den beiden Systemen lehren. Denken wir uns im Nullpunkt von K einen Beobachter, der ständig seine Uhr mit den vorübereilenden Uhren des Systems K' vergleicht. Die vierte unserer Formeln (22) lehrt uns dann, welche Zeiten die vorübereilenden Uhren zeigen müssen. x ist hier ständig gleich Null. Das zweite Glied in der Klammer kommt also nicht in Betracht. Zur Zeit $t = 0$ ist auch $t' = 0$, zeigt aber die Uhr in K $t = 1$, so zeigt die im selben Augenblick vorübergehende Uhr von K' $t' = k$, zu $t = 2$ gehört $t' = 2k$ usw. Das heißt also, da k größer ist als 1, so geht die Uhr im ruhenden System, die dauernd beobachtet wird, nach, verglichen mit den vorübereilenden Uhren des bewegten Systems, und zwar immer mehr nach, allerdings wiederum um einen ganz gering-fügigen Betrag, solange nicht allzu ausgedehnte Zeitstrecken in Betracht kommen. Jedenfalls aber zeigen zwei Uhren am selben Orte, die sich in verschiedenem Bewegungszustande befinden, nur in einem einzigen Augenblick dieselbe Zeit. Diese Ver-

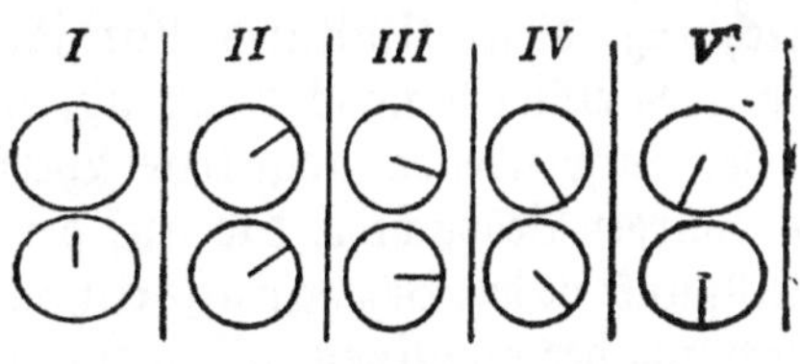

Fig. 11.

hältnisse sollen durch unsere Fig. 11 verbildlicht werden. Man denke sich etwa fünfmal in Abständen von je $7\,^1/_2$ Minuten eine Moment-aufnahme der ruhenden und gerade vorbeieilenden Uhr gemacht, und man wird die fünf aufeinanderfolgenden Bilder der Stellung der großen Zeiger erhalten, wie sie unsere Figur zeigt, vorausgesetzt, daß man k dadurch sehr groß macht, daß man die Geschwindigkeit des vorüber-

1) Vgl. S. 52 ff.

eilenden Systems v der Lichtgeschwindigkeit stark annähert. Wir können uns diese vierte Formel aber noch in einer anderen Weise ausdeuten. Wir denken uns eine große Anzahl von Beobachtern in gleichen Abständen längs der X-Achse von K verteilt und lassen diese „gleichzeitig", d. h. wenn ihre Uhren dieselbe Zeit weisen, beobachten, was die jeweils gegenüberstehenden Uhren für eine Zeit zeigen. Der Bequemlichkeit halber lassen wir diese Beobachtung zur Zeit $t = 0$ ausführen, also wenn alle Uhren in K ihre Anfangsstellung innehaben. Dann müssen, wie die Formel, in der jetzt $t = 0$ und x von Stelle zu Stelle wachsend

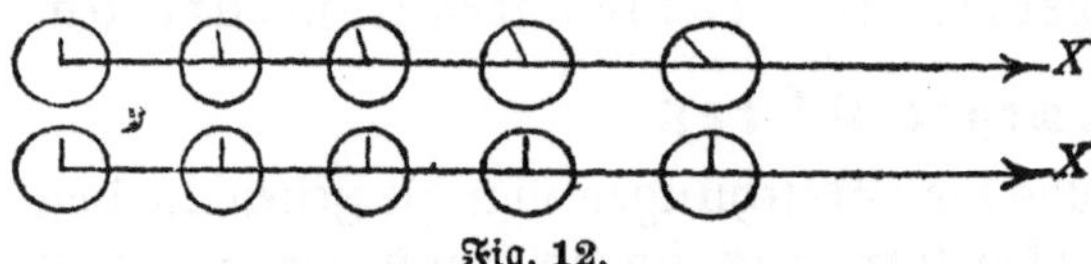

Fig. 12.

einzusetzen sind, zeigt, die in K' befindlichen Uhren um so weiter gegen ihre Anfangsstellung noch zurück sein, je weiter der Punkt vom Nullpunkt entfernt ist. Auch diese Verhältnisse erläutern wir wieder durch eine Figur (Fig. 12). Diesmal aber sind die fünf Momentaufnahmen als an verschiedenen Orten, aber zu gleicher Zeit in K gemacht vorzustellen.

Sehr wesentlich ist es nun, sich klarzumachen, daß ganz dieselben Verhältnisse für den Beobachter in K' bestehen. Auch ihm erscheint ein Stab, den er zuerst in seinem eigenen System gemessen hat und der dann in K in der X-Achse liegt, nunmehr verkürzt, auch ihm scheinen die Uhren in K, die an ihm vorbeieilen, gegen seine eigene Uhr vorzugehen (sie laufen natürlich für ihn in der entgegengesetzten Richtung; dieser Umstand hat ja aber wegen der Homogeneität des Raumes weiter keine Bedeutung, als daß in den Formeln an Stelle von v der entsprechende negative Wert $- v$ zu setzen ist) und auch in K' würden Beobachter, die auf der X'-Achse in gleichen Abständen vom Nullpunkt in der Bewegungsrichtung aufgestellt wären, d. h. also in der Richtung der negativen X'-Achse, wahrnehmen müssen, daß bei gleichzeitiger Beobachtung nach ihren Uhren die Uhren von K nicht die gleiche Zeit zeigen.

Wir sehen also, daß zwei Ereignisse, die, nach Uhren von K untersucht, an zwei verschiedenen Punkten der X-Achse gleichzeitig vor sich gehen, mit Uhren des Systems K' bestimmt, nicht zur selben Zeit stattfinden. Die Gleichzeitigkeit zweier Ereignisse, die an verschiedenen Stellen des Raumes stattfinden, ist keine diesen Ereignissen absolut zukommende Eigentümlichkeit, vielmehr

ist diese Gleichzeitigkeit nur in einem einzigen unter unzäh=
lig vielen, gleichberechtigten Systemen vorhanden.

Eine weit sonderbarere und interessantere Konsequenz ist aber die
folgende. Denken wir uns die X=Achsen unserer beiden Systeme aus
zwei Latten bestehen, die mit Haken versehen sind, an die wir Uhren
anhängen können. Zur Zeit $t = 0$ hängen wir die Uhr, die sich eben
im Nullpunkt von K befand, an den Nullhaken von K', der sich ja
dieser Uhr gerade gegenüber befindet, an und lassen nun die Uhr an
der Bewegung von K' teilnehmen. Sie gehört nunmehr zu diesem
System und wird, von K aus betrachtet, stets die Koordinate $x = vt$
haben. Daraus folgt, nach (22), daß zwischen ihrer Zeigerstellung und
der jeweilig gegenüberliegenden Uhr in K folgende Beziehung besteht:

$$t' = kt\left(1 - \frac{v^2}{c^2}\right)$$

oder, indem wir den Wert für k aus (22) einsetzen:

$$(24) \qquad t' = t\sqrt{1 - \frac{v^2}{c^2}} = \frac{1}{k}t = t\left(1 - \frac{1}{2}\frac{v^2}{c^2}\right),$$

d. h. die bewegte Uhr bleibt gegen die ruhenden Uhren zurück. Heben
wir sie nun an irgendeiner Stelle, an der sie anlangt, wieder ab, so
wird sie mit der dort befindlichen Uhr von K nicht übereinstimmen,
sondern nachgehen. Es kommt also, wie man hieraus ersieht, durchaus
nicht auf dasselbe heraus, ob man die Zeit an zwei verschiedenen Punk=
ten eines Systems mit Uhren mißt, die „synchron" gestellt sind, oder
mit Uhren, die an einer Stelle auf gleichen Gang reguliert sind und
von denen die eine an den entfernten Ort gebracht wird.

Wir betrachten nun drei aus mit Haken versehenen Latten bestehende
Koordinatensysteme K, K' und K'' und nehmen an, daß sich K' ge=
gen K mit der Geschwindigkeit v bewegt, dagegen soll sich K'' gegen
K mit der Geschwindigkeit $- v$ bewegen, d. h. also ebenso rasch, aber
in der entgegengesetzten Richtung. Lassen wir nun genau wie vorhin
von zwei ganz gleichen Uhren die eine im Nullpunkt von K ruhen,
die zweite aber von der Zeit $t = 0$ an sich mit dem Nullpunkt des
Systemes K' mitbewegen, bis sie eine entfernte Stelle des Systemes
K erreicht, an der ein Beobachter steht oder eine automatische Vor=
richtung sich findet, mit deren Hilfe die Uhr nunmehr an den augen=
blicklich vorübereilenden Haken des Systemes K'' angehängt wird. Wir

laffen die Uhr nun mit K'' wieder zurückwandern bis zum Nullpunkt von K, wo wir fie nunmehr mit der Uhr vergleichen können, mit der fie ursprünglich übereinstimmte. Was werden wir finden müffen? Während des Hinweges geht die bewegte Uhr nach, während des Rückweges geht fie aber — auch nach. Denn auf die Bewegungsrichtung kommt es ja gar nicht an. Unter allen Umständen geht die bewegte Uhr nach, wie ja auch aus unferer Formel (24) hervorgeht, die ja v nur im Quadrat enthält, alfo vom Vorzeichen von v unabhängig ift. Die Uhr wird alfo, neben die Uhr, die in K geblieben ift, gelegt, eine Zeitdifferenz zeigen, fie wird nachgehen. Eine Uhr, die fich von einem Orte entfernt und nach einiger Zeit zu ihm zurückkehrt, zeigt alfo nicht diefelbe Zeit wie eine Uhr, die am Ort geblieben ift. Da aber die Uhr in jedem Syftem, in dem fie fich gerade befand, die „richtige" Zeit zeigte, fo müffen wir uns vorftellen, daß jeder Vorgang durch eine folche Hin= und Herbewegung verzögert wird. Wir können uns die Sachlage durch ein Beifpiel befonders verdeutlichen, das zwifchen Scherz und Ernft die Mitte hält und die Schwierigkeiten gut erkennen läßt, die den verfchiedenen Begriffen des Wortes Zeit anhaften. Denken wir uns zwei ganz gleichaltrige Menfchen in einem Häuschen auf einem Galileifchen Bezugsfyftem wohnen. Dann laffen wir den einen von beiden eine Reife unternehmen. Er fahre mit einem D=Zug in der Richtung der X=Achfe zu Verwandten und kehre nach einiger Zeit zu feinem Freunde zurück. Befaßen beide richtiggehende Tafchenuhren, fo muß jetzt die Uhr deffen, der die Reife unternommen hat, nachgehen. Da fie aber für ihn ftets richtigen Gang, d. h. diefelbe Ganggefchwindigkeit wie alle anderen Uhren des Syftems, in dem er fich gerade befand, gehabt hat, fo müffen wir wohl oder übel auch fagen, daß der zurückgekehrte Freund nunmehr jünger ift als der daheimgebliebene, denn feine Tafchenuhr kann er zwar durch einen gewaltfamen Eingriff wieder mit der feines Freundes in Übereinftimmung bringen, nicht aber die Gefamtheit der körperlichen Umftände, die wir im phyfiologifchen Sinn als fein Alter bezeichnen, auch nicht die Tatfache, daß eine richtiggehende Uhr, die er ftändig bei fich getragen hat, den Verlauf einer kürzeren Zeit feit feiner Geburt verzeichnet als bei feinem Freunde.

Widerlegung eines Einwurfs gegen die Relativitätstheorie.

Auf diese Uhrendivergenz ist übrigens ein oft wiederholter Einwand gegen die Relativitätstheorie gestützt worden, den wir hier besprechen wollen. Man hat nämlich gesagt: Denken wir uns bei jeder der beiden Uhren, die sich gegeneinander bewegen, je einen Beobachter, dann werden beide Beobachter nur ihre Relativbewegung gegeneinander beobachten. Man kann sich also ebensogut auf den Standpunkt des bewegten Beobachters stellen, und dann wird die ruhende Uhr eine Bewegung auszuführen scheinen. Nach der Relativitätstheorie müßte dann das Ergebnis dieser Relativbewegung für den einen Beobachter dasselbe sein wie für den anderen. In der Tat aber geht doch von den wieder vereinigten Uhren die eine nach, die andere vor. Derselbe Vorgang führt, von zwei Systemen aus beobachtet, zu verschiedenen Ergebnissen, der eine muß sagen: bewegte Uhren gehen vor, der andere: sie gehen nach, und somit hebt sich die Relativitätstheorie an dieser Stelle selber auf.

Der Einwand ist aber falsch. Denn der eine der beiden Beobachter befindet sich während der ganzen Dauer des Vorganges in einem Galileischen oder Inertialsystem, der andere dagegen nacheinander in zwei verschiedenen Systemen, wie das aus unserer Darstellung mit den Latten ganz klar hervorgeht. Zwar in jedem Augenblick, mit Ausnahme der Übergangszeiten, befindet sich auch der zweite Beobachter in einem berechtigten Koordinatensystem, nicht aber die ganze Zeit über in einem berechtigten Koordinatensystem. Die Relativitätstheorie sagt aber nichts darüber aus, wie sich die Naturvorgänge auf einem Koordinatensystem darstellen, das nacheinander mit verschiedenen der berechtigten Systeme zusammenfällt. Es spielen eben in diese Vorgänge Beschleunigungen hinein, und damit überschreitet dieses Problem den Rahmen derjenigen Relativitätstheorie, die wir hier behandelt haben, die heute schon den Namen der speziellen Relativitätstheorie führt, und weist auf eine Verallgemeinerung hin, die in der allerjüngsten Zeit auch in Angriff genommen worden ist, auf eine allgemeine Relativitätstheorie, die auch beschleunigte Koordinatensysteme zu berücksichtigen vermag und innerhalb deren auch das vorliegende Problem seine eigentliche und befriedigende Lösung findet.

VIII. Das Additionstheorem der Geschwindig= keiten.

Die Lichtgeschwindigkeit als Grenzgeschwindigkeit.

Wir wenden uns nun einigen anderen Ergebnissen der Relativitäts= theorie zu, die sich ebenfalls ohne Schwierigkeit aus den Transforma= tionsgleichungen ableiten lassen. Die Gleichungen lehren uns nämlich, daß, wenn ein berechtigtes Koordinatensystem K vorliegt, jedes andere berechtigte System gegen dieses eine Geschwindigkeit haben muß, die kleiner ist als die Lichtgeschwindigkeit. Würde nämlich $v = c$ werden, so würde der Faktor k unendlich groß werden. Nun ist aber k nach S. 66 der Quotient aus der Länge eines bewegten Stabes, im be= wegten System gemessen, und der Länge desselben Stabes, im ruhen= den System gemessen. Wird k unendlich, so heißt das, daß die Länge des bewegten Stabes für den ruhenden Beobachter auf Null zusammen= zuschrumpfen scheint. Der Stab müßte also völlig verschwinden, und das können wir aus physikalischen Gründen kaum als zulässige An= nahme gelten lassen. Wenn v gar c an Größe übersteigen würde, so bekäme der Ausdruck $1 - v^2/c^2$ einen negativen Wert, und die Wurzel verliert dann jede reelle Bedeutung. Das führt uns aber sofort zu einer weiteren sehr bedeutsamen Folgerung. Unter Zugrundelegung der Ga= lileitransformation, also im Rahmen der Anschauungen Newtons, ist es möglich, durch Zusammensetzung kleiner Geschwindigkeiten zu be= liebig großen Geschwindigkeiten zu gelangen. Denke ich mir etwa einen Dampfer mit der Geschwindigkeit v fahrend und auf ihm einen Men= schen in der Fahrtrichtung mit der Geschwindigkeit q laufend, so ist die Fortbewegungsgeschwindigkeit des Menschen gegenüber dem Ufer $v + q$. Ein anderes Ergebnis erhalten wir aber, wenn wir uns auf den Boden der Relativitätstheorie stellen. Denken wir uns also wieder unsere zwei Koordinatensysteme K und K'. K entspreche dem Ufer und K' dem Dampfer. Ferner denken wir uns einen Körper, der sich gegen K' in der Richtung der positiven X=Achse mit der Geschwindigkeit q bewegt. Wir fragen nach der Geschwindigkeit Q, mit der sich derselbe Körper relativ zu K bewegt. Die Antwort entnehmen wir unseren Transformationsgleichungen. Wenn der Körper in K' die Geschwindig= keit q hat, so können wir das auch durch die Gleichung

$$x' = qt'$$

zum Ausdruck bringen. Andererseits ist bei Benutzung der Trans=
formationsgleichungen (23)

$$Q = \frac{x}{t} = \frac{k(x' + vt')}{k\left(t' + \dfrac{v}{c^2}x'\right)}.$$

Ersetzen wir hierin x' durch qt', so können wir durch kt' heben und
erhalten die Gleichung:

$$(25) \qquad Q = \frac{q + v}{1 + \dfrac{qv}{c^2}}$$

als das in der Relativitätstheorie gültige Additionstheorem der Ge=
schwindigkeiten. Wir sehen, daß sich dieser Ausdruck von dem in der
Newtonschen Mechanik gültigen durch den Faktor $1/(1 + qv/c^2)$ unter=
scheidet, eine Größe, die wiederum von 1 nur sehr wenig verschieden
ist, solange q und v beide sehr klein gegen c sind. Erst bei großen Ge=
schwindigkeiten wird der Unterschied erheblich. Dann verhindert dieser
Faktor aber, daß Q jemals größer wird als c, wenn nur q und v
beide kleiner sind als c. Um das einzusehen, ist es nur notwendig, für
q und v die Ausdrücke $c - a$ und $c - b$ einzusetzen, in denen a und b
positive Zahlen sein sollen. Wenn wir das tun, ergibt die Ausrechnung:

$$Q = c\,\frac{2c - a - b}{2c - a - b + \dfrac{ab'}{c}}$$

eine Größe, die sicher kleiner ist als c, da der Nenner des Bruches
größer ist als sein Zähler. In Worten besagt das also, daß wir **durch
Zusammensetzung zweier Unterlichtgeschwindigkeiten nie=
mals die Lichtgeschwindigkeit erreichen** können. Setzen wir
aber die Lichtgeschwindigkeit selbst mit einer kleineren Geschwindigkeit
zusammen, so zeigt unsere Formel (25), wenn wir in ihr z. B. q und c
ersetzen, daß die Gesamtgeschwindigkeit auch wieder c ist. Durch Hin=
zufügen einer endlichen Geschwindigkeit zur Lichtgeschwin=
digkeit wird diese also nicht vergößert. Ein Ergebnis, das ja
nur eine andere Formulierung der Grundvoraussetzung der Theorie
ist, daß die Lichtgeschwindigkeit in allen berechtigten Systemen dieselbe
sein soll.[1])

---

1) Man kann sagen, daß die Lichtgeschwindigkeit in der Relativitätstheorie
eine ähnliche Rolle spielt, wie sie dem Unendlichen in der Mathematik zu=

Wenn es nun auch kein berechtigtes Koordinatensystem gibt, das gegen ein anderes berechtigtes sich mit Lichtgeschwindigkeit bewegt, und somit auch keinen Körper geben kann, der diese Geschwindigkeit erreicht, weil wir uns mit jedem Körper ein Koordinatensystem verbunden denken könnten und ein so schnell bewegter Körper ja bis auf die Länge Null verkürzt werden würde, so können doch wenigstens Ausbreitungsvorgänge diese Geschwindigkeit erreichen, wie ja das Licht tatsächlich sich mit dieser Geschwindigkeit fortpflanzt. Allerdings müssen wir auch für alle solchen Vorgänge annehmen, daß sie die Geschwindigkeit c wenigstens nicht übersteigen können. Folgende Überlegungen werden uns davon überzeugen. Denken wir uns zwei Ereignisse A und B. A soll zur Zeit $t = 0$ im Nullpunkt von K stattfinden und B zur Zeit $t = T$ im Abstande X vom Nullpunkt auf der X-Achse. Die x- und t-Koordinaten beider Ereignisse in K und einem dazu bewegten System K' ergeben sich dann aus nebenstehender Tabelle. Nun nehmen wir an, daß

	x	t	x'	t'
A	0	0	0	0
B	X	T	$k(X - vT)$	$k\left(T - \dfrac{v}{c^2}X\right)$

sowohl X als T positiv seien, d. h. daß B in K an einer positiven Stelle der X-Achse und später stattfindet als A. Schreiben wir nun den Ausdruck für das auf B bezügliche t' in folgender Form:

$$t'_B = kT\left(1 - \frac{v}{c^2}\frac{X}{T}\right)$$

und nehmen ferner an, daß

(26) $$\frac{X}{T} > c,$$

so können wir stets ein v, das kleiner als c ist, finden, so daß

$$v\frac{X}{T} \geqq c^2 \quad \text{oder} \quad 1 - \frac{vX}{c^2T} \leqq 0.$$

Das bedeutet aber, daß das auf B bezügliche t' Null oder kleiner als Null wird. Wir können somit unter der Bedingung (26) immer ein

---

kommt. Die Zusammensetzung noch so vieler endlicher Größen ergibt nie das Unendliche, und durch Hinzufügen einer endlichen Größe zum Unendlichen wird dieses auch nicht vergrößert.

zu K mit einer solchen Geschwindigkeit bewegtes Koordinatensystem finden, daß in ihm das Ereignis B mit dem Ereignis A gleichzeitig erscheint oder in ihm sogar vorangeht. Nehmen wir aber die entgegengesetzte Bedingung an, also

$$\frac{X}{T} < c.$$

so würde es nicht möglich sein, eine solche Geschwindigkeit zu finden, es würde also für alle nur denkbaren Koordinatensysteme B später sein als A. Setzen wir nun den Fall, daß das Ereignis B durch das Ereignis A verursacht worden ist, so wollen wir annehmen, daß dieser Zusammenhang für alle Systeme gültig ist, daß es also nicht möglich sein soll, ein Koordinatensystem ausfindig zu machen, in dem beide Ereignisse zusammenfallen oder gar B dem A vorangeht. Dann besteht aber für die Zeit T, um die das Ereignis B später stattfindet als A, und die Entfernung X, die es von A trennt, die obige Bedingung. Wenn aber B durch A verursacht ist, so ist T die Zeit, die die Wirkung braucht, um bis in die Entfernung X zu gelangen. X/T ist also die **Ausbreitungsgeschwindigkeit** des Vorganges, durch den B als eine Wirkung von A hervorgerufen wird. Somit kann also die Ausbreitungsgeschwindigkeit irgendeines Vorganges die Lichtgeschwindigkeit nicht übertreffen.

Sicherlich wird sich nach all diesen Überlegungen manchem meiner Leser die Frage aufgedrängt haben, woher es kommt, daß in der Relativitätstheorie, die doch für alle Vorgänge Geltung beansprucht, eine, wie es scheint, ganz spezielle Größe, die Lichtgeschwindigkeit, eine so ausgezeichnete Rolle spielt, daß sie sogar in die Transformationsgleichungen eingeht. Die Frage ist sehr berechtigt, aber auch leicht beantwortet. Nur die historische Entwicklung bringt es mit sich, daß wir diese Geschwindigkeit die Lichtgeschwindigkeit nennen. Im Gedankengang unserer Theorie würde es liegen, c als die durch die Natur gegebene Grenzgeschwindigkeit zu bezeichnen und zu sagen, daß es Vorgänge gibt, die mit der Grenzgeschwindigkeit sich ausbreiten, z. B. das Licht. Also nicht die Lichtgeschwindigkeit ist die Grenzgeschwindigkeit, sondern umgekehrt die Grenzgeschwindigkeit ist die Geschwindigkeit des Lichtes, und daß eine so bedeutungsvolle Größe wie die Grenzgeschwindigkeit in die Transformationsgleichungen eingeht, das wird wohl niemandem mehr verwunderlich erscheinen.

Der Fizeauversuch.

Wir haben es nun allerdings nur in sehr wenigen Fällen mit Geschwindigkeiten zu tun, die so groß sind, daß der Unterschied des Additionstheorems für die Geschwindigkeiten nach der älteren Anschauung und nach der Relativitätstheorie zum Vorschein käme. Aber einer dieser Fälle ist doch sehr bemerkenswert. Das Ergebnis des Fizeauversuches nämlich, das in der älteren Physik immerhin komplizierte Annahmen zu seiner Erklärung verlangte, wird auf dem Boden der Relativitätstheorie geradezu zum Schulbeispiel für das Additionstheorem. Wir haben zwar bei unserer Ableitung der Formel für das Additionstheorem angenommen, daß q eine Körpergeschwindigkeit sei. q darf aber ebensogut eine Ausbreitungsgeschwindigkeit sein, wenn diese nur kleiner ist als c. Wenden wir also die Formel (25) auf den Fizeauversuch an. Die Lichtgeschwindigkeit im ruhenden Wasser ist c/n. Diese Größe möge dem q unserer Formel entsprechen. Die Strömungsgeschwindigkeit des Wassers sei v. Lassen wir nun, wie beim Fizeauversuch, das Licht durch das Wasser in seiner Bewegungsrichtung hindurchgehen, so addieren sich die beiden Geschwindigkeiten, und wir finden als die Geschwindigkeit des Lichtes im bewegten Wasser vom ruhenden Boden aus beobachtet:

$$C = \frac{\frac{c}{n} + v}{1 + \frac{v}{cn}}.$$

Nun ist v/c eine gegen 1 sehr kleine Zahl, so daß wir die höheren Potenzen gegen die niederen vernachlässigen können. Näherungsweise dürfen wir also schreiben:[1]

$$C = \left(\frac{c}{n} + v\right)\left(1 - \frac{v}{cn}\right) = \frac{c}{n} + v - \frac{v}{n^2} - \frac{v^2}{cn} - \cdots$$

Hier ist nun das vierte Glied, da es die sehr große Zahl c im Nenner enthält, den drei ersten gegenüber so klein, daß wir es vernachlässigen dürfen, und so erhalten wir die Formel:

$$C = \frac{c}{n} + v\left(1 - \frac{1}{n^2}\right).[2]$$

Die Relativitätstheorie liefert also ohne weiteres den Fresnelschen Mitführungskoeffizienten. Man wird nicht umhinkönnen, diesen

---

1) Vgl. Anm. 1. S. 41.
2) Vgl. Formel (4) S. 31.

Umstand als eine der bemerkenswertesten Tatsachen aus dem Gebiet der Erfahrungen anzuerkennen, die zur Bestätigung der Relativitätstheorie herangezogen werden können.

Aberration und Dopplerprinzip.

Wir zeigen nun noch rasch, wie sich die Erscheinungen der Aberration und das Dopplerprinzip auf Grund der Relativitätstheorie darstellen. Wir schließen uns hierbei eng an die entsprechenden Darstellungen auf den S. 35—39 an. Nur müssen wir jetzt natürlich vom Äther völlig absehen. Zur rechnerischen Behandlung der Aberration stellen wir uns also vor, unser System K sei mit dem Fixstern fest verbunden und das System K' sei das Erdsystem. Für den Weg des Lichtstrahls in K gelten dann die Gleichungen (5) (6) S. 31/32. Wir wenden aber jetzt nicht die Gleichungen der Galileitransformation auf sie an, sondern die der Lorentztransformation S. 65 (22) und erhalten:

$$x' = k(a - vt)$$
$$y' = b - ct$$

und wiederum durch Elimination von t aus beiden Gleichungen als Gleichung des Weges des Lichtstrahles:

$$(27) \qquad y' = \frac{c}{kv}\left[x' - k\left(a - \frac{bv}{c}\right)\right].$$

Da nun k eine nur sehr wenig von 1 verschiedene Größe ist, so unterscheiden sich auch die hier gefundenen Werte für den Aberrationswinkel und den Schnittpunkt mit der X-Achse um sehr wenig von den früher auf Grund der Äthertheorie gefundenen, wie ein Vergleich der Gleichungen (27) und (8) zeigt, jedenfalls um so wenig, daß der Unterschied der beiden Werte innerhalb des Genauigkeitsbereichs unserer Messungen keine Rolle spielt.

Ganz ebenso leicht erledigt sich der Dopplereffekt. Wir gehen aus von der Gleichung (9):

$$y = a \sin\left[2\pi n\left(t - \frac{x}{c}\right)\right],$$

die wir auf S. 34 näher erläutert haben, und formen sie wieder ganz wie an jener Stelle um, nur daß wir jetzt statt der Galileitransformation die Gleichungen der Relativitätstheorie benutzen. Auf diese Weise erhalten wir:

$$y' = a \sin\left[2\,\pi\,n\,k\left(t' + \frac{v}{c^2}x' - \frac{x'}{c} - \frac{v}{c}t'\right)\right]$$

$$= a \sin\left[2\,\pi\,n\,k\left(t'\frac{c-v}{c} - x'\frac{c-v}{c^2}\right)\right]$$

$$= a \sin\left[2\,\pi\,n\,k\,\frac{c-v}{c}\left(t' - \frac{x'}{c}\right)\right]$$

$$= a \sin\left[2\,\pi\,n'\left(t' - \frac{x'}{c}\right)\right]$$

und finden, daß
$$n' = n\,k\,\frac{c-v}{c}$$

sich von dem früher gefundenen Wert (12) nur durch den Faktor k unterscheidet, dessen geringe Verschiedenheit von 1 es wiederum bewirkt, daß der Unterschied für uns unmerklich wird. Die Lichtgeschwindigkeit dagegen ist, wie die Rechnung zeigt und das Prinzip von der Konstanz der Lichtgeschwindigkeit fordert, in beiden Systemen die gleiche, während die Rechnung bei Annahme des ruhenden Äthers (13) sie zu $c - v$ geliefert hatte.

IX. Einige weitere wichtige Folgerungen aus der Relativitätstheorie.

Wir haben nun noch einige wichtige Ergebnisse der neuen Theorie zu besprechen, die wir aber mit dem elementaren mathematisch-physikalischen Rüstzeug, auf das wir uns hier beschränken, nicht mehr abzuleiten vermögen.[1]

---

1) Der Leser, der über die nötigen mathematisch-physikalischen Kenntnisse verfügt, wird, wenn er den Grundgedanken der Theorie begriffen hat, die hierhergehörigen Ableitungen leicht den ersten von Einstein über diesen Gegenstand veröffentlichten Aufsätzen entnehmen. Diese ersten Aufsätze, die in den Annalen der Physik Bd. 17 (1905) erschienen sind, sind für denjenigen, der sich nur mit den prinzipiellen Fragen vertraut machen will, auch heute noch die empfehlenswerteste Lektüre, schon weil sie nicht verlangen, daß man sich erst mit einer neuen Schreibweise aller physikalischen Gleichungen vertraut macht, die allerdings der Entwicklung der Theorie äußerst förderlich gewesen ist. Sie sind zusammen mit einschlägigen Aufsätzen von Lorentz und Minkowski als Bd. 2 der Fortschritte der mathematischen Wissenschaften erschienen und dadurch bequem zugänglich geworden.

Die Mechanik.

Die bisher betrachteten Folgerungen waren im allgemeinen kinematischer Natur. Wir wenden uns jetzt den eigentlichen physikalischen Fragen zu. Hier ist es nun von vornherein klar, daß die Relativitätstheorie uns nur sehr wenig Neues über das Gesamtgebiet der Elektrodynamik lehren kann, denn aus diesem Gebiet ist sie hervorgewachsen, auf das hier vorliegende Tatsachenmaterial hat sie sich gestützt. Anders liegt die Sache aber namentlich für die Mechanik, und zwar speziell für die Dynamik. Hatten früher die Physiker die Hoffnung gehegt, die ganze Welt dermaleinst mechanisch zu erklären, die Elektrodynamik als ein Spezialgebiet der Mechanik darstellen zu können, so haben sich die Dinge längst umgekehrt. Worüber wir am besten unterrichtet sind, das sind die Gesetze des elektrischen Feldes[1]), und eher erwarten wir jetzt, die Mechanik dereinst auf die Elektrodynamik zurückzuführen, als umgekehrt. Auch für die relativistische Behandlung der Dynamik führte der Weg von den Gleichungen des elektrischen Feldes zu denen der Dynamik. Sehen wir zu, welche Aufgabe der Relativitätstheorie hinsichtlich der Mechanik gestellt war. Die Gleichungen der Mechanik, so wie sie von Newton aufgestellt und durch die folgenden Physikergenerationen umgeprägt worden sind, genügen der auf die Lorentztransformation gestützten Relativitätsforderung nicht. Sie haben sich aber auf allen Gebieten mechanischer Vorgänge in solchem Maße bewährt, daß die Relativitätstheorie diesen Gleichungen keinesfalls schlechthin widersprechen darf. Allerdings handelt es sich bei allen durch die klassische Mechanik erklärten Vorgängen um Bewegungen mit Geschwindigkeiten, die sehr klein sind gegen die Lichtgeschwindigkeit. Und so ergab sich denn für die Relativitätstheorie die Aufgabe, Gleichungen aufzustellen, die einerseits bei den Lorentztransformationen ungeändert bleiben, also in allen berechtigten Koordinatensystemen die gleiche Gestalt bewahren, die aber anderseits für kleine Geschwindigkeiten in die herkömmlichen Gleichungen der Newtonschen Mechanik übergehen.

Aber wie schon gesagt, die Dynamik mußte jetzt auf elektrodyna-

---

1) Unter elektrischem Feld versteht man den Raum, in dem elektrische Kräfte wirksam werden, sobald ihnen ein Angriffsgegenstand geboten wird. Jeder elektrisch geladene Körper ist von einem elektrischen Felde umgeben.

mischem Boden behandelt werden, denn die ganze Newtonsche Begriffswelt ist für die Relativitätstheorie unannehmbar. Weder weiß sie etwas mit dem „starren Körper" anzufangen, der in der klassischen Mechanik eine so große Rolle spielt, denn jeder bewegte Körper erfährt ja die Lorentzkontraktion (S. 67), kann also nicht starr sein, noch vermag sie sich mit den Fernkräften der Newtonschen Theorie zu befreunden, da ihnen eine unendlich große Ausbreitungsgeschwindigkeit zukommen würde, die im Rahmen dieser Theorie nicht geduldet werden kann. Sollte also überhaupt ein Ansatz gemacht werden, so konnten nicht irgendwelche Kräfte berücksichtigt werden, sondern man mußte sich an bestimmte Kräfte halten, und was lag da näher, als die Einwirkung elektrischer Kräfte auf bewegliche Massen zugrunde zu legen. Schon lange hatte man die Gesetze der Elektronenbewegung im elektrischen Felde studiert. Während man aber früher diesen Untersuchungen die mechanischen Gleichungen zugrunde legte und damit in mancherlei Schwierigkeiten gekommen war, verfuhr man nunmehr umgekehrt. Man legte die bekannten Gesetze der Elektronenbewegung, die auch der Relativitätsforderung genügen, den Bewegungen der Massenpunkte zugrunde und kam auf diese Weise zu bemerkenswerten Ergebnissen. Dieser Weg muß ja auch deshalb zu annehmbaren Resultaten führen, weil man jeden Massenpunkt durch Zusatz einer kleinen elektrischen Ladung zu einem Ding auszugestalten vermag, dessen Bewegung im elektrischen Feld unter dem Einfluß elektrischer Kräfte völlig der Bewegung eines Elektrons entspricht. So mußte die Mechanik aus ihrer Einzelstellung gezogen werden und viel enger mit den übrigen Gebieten der Physik verknüpft werden, als es bis dahin der Fall gewesen war.

Masse und Energie.

Das interessanteste und bei weitem wichtigste Ergebnis, zu dem diese Untersuchungen geführt haben, ist die Aufstellung eines Zusammenhanges zwischen der Masse und der Energie eines Körpers. Die ausgeführten Rechnungen zeigten nämlich, daß ein Energiequantum, das in seinem Ruhesystem gemessen den Wert E hat, in einem System, dem gegenüber es mit der Geschwindigkeit q bewegt ist, den Betrag $\dfrac{E}{\sqrt{1-\dfrac{q^2}{c^2}}}$

d. i. in erſter Näherung gleich $E\left(1 + \dfrac{1}{2}\dfrac{q^2}{c^2}\right)$ hat.[1]) Das führt uns zu folgender Betrachtung. Nehmen wir an, daß die geſamte in einem beſtimmten Körper aufgeſpeicherte Energie in ſeinem Ruheſyſtem gemeſſen den Wert E habe. Sie kann ſich aus allerhand verſchiedenen Arten von Energie zuſammenſetzen, aus elektriſcher, magnetiſcher, elaſtiſcher und Wärmeenergie einerſeits, aus den Energien, die im Zuſammenhalt der Moleküle und Atome enthalten ſind, andererſeits. Dieſe letzteren Energien werden den weitaus größten Anteil an der Geſamtenergie des Körpers haben. Denn die neueren Unterſuchungen über den Zerfall radioaktiver Körper haben uns gelehrt, wie ungeheure Energien beim Atomzerfall frei werden. Betrachten wir nun dieſes Energiequantum von einem Syſtem aus, dem gegenüber der Körper mit der Geſchwindigkeit q bewegt iſt, ſo erſcheint ſeine Geſamtenergie um den Betrag $\dfrac{1}{2}\dfrac{E}{c^2}q^2$ vergrößert. Nun hat auch nach der älteren Lehre der Körper in dieſem Syſtem eine größere Energie als in ſeinem Ruheſyſtem. Es kommt nämlich jetzt noch die Bewegungsenergie des Körpers hinzu, deren Größe $\dfrac{1}{2}mq^2$ beträgt. Es leuchtet nun unmittelbar ein, daß ſich dieſe kinetiſche Energie als die Vergrößerung der Geſamtenergie auffaſſen läßt, wenn man die Annahme macht, daß $m = \dfrac{E}{c^2}$ iſt, d. h. daß die Maſſe eines Körpers, alſo der Widerſtand, den er ſeiner Bewegung entgegenſetzt, von der in ihm angehäuften Energie herrührt. $\dfrac{1}{c^2}$ wäre dann das Maſſenäquivalent der Energie oder c^2 das Energieäquivalent der Maſſe. 1 g Maſſe würde alſo gleichbedeutend ſein mit 900 Trillionen Erg oder ungefähr $9 \cdot 10^6$ t. km. Die in einem Körper von 1 g Maſſe aufgeſtapelte Energie würde alſo hinreichen, um eine Laſt von 1 Million Tonnen auf den höchſten Berg der Erde (9000 m) zu heben. Dieſe ungeheure Umrechnungszahl macht es verſtändlich, daß wir die Maſſenvermehrung, die ein Körper z. B. durch Erwärmung erfährt, nicht beobachten können.

---

1) Genau genommen läßt ſich theoretiſch nur zeigen, daß die Energievermehrung oder -verminderung vom andern Syſtem aus in der oben angegebenen Weiſe beurteilt wird. Der Schluß auf die Energie überhaupt liegt dann aber nahe, da man ſie ſich doch durch allmähliches Anwachſen entſtanden vorſtellen kann.

Macht man diese Annahme, so hört natürlich der Satz von der Erhaltung der Masse auf, eine selbständige Bedeutung zu haben, und geht auf im Satze von der Erhaltung der Energie. Die Masse ist ja nur eine Form, in der sich das Vorhandensein von Energie bemerklich macht, und wir würden auf diese Weise folgenden Fortschritt unserer Erkenntnis erzielen. Bisher waren wir stets nur in der Lage, die Energie eines Körpers bis auf eine Konstante, die unbekannt blieb, zu bestimmen, z. B. die Molekularenergie entzog sich unserer Messung. Nunmehr würden wir imstande sein, die Gesamtenergie eines Körpers festzustellen, da die, in anderer Weise unmeßbare, im Körper verborgene Energie jetzt durch ihre Trägheit, und zwar sehr genau, bestimmt werden kann. Die k i n e t i s c h e E n e r g i e aber kann fernerhin nicht als eine b e s o n d e r e Art der Energie gelten. Sie ist nur der Ausdruck für die Änderung, die die Gesamtenergie durch den Bewegungszustand erleidet. Alle Energiearten des Körpers wachsen durch seine Bewegung, und dieser Zuwachs an Energie wird durch die kinetische Energie dargestellt. Es würde ja auch in sich unhaltbar sein, die Masse als eine Form der Energie darzustellen und gleichzeitig eine Energieart anzuerkennen, die ihren Grund in der bewegten Masse hätte.

X. Bedeutung der Relativitätstheorie für die Physik und Philosophie.

Nachdem wir uns mit den Gedankengängen vertraut gemacht haben, die zu der neuen Theorie geführt haben, diese Theorie selbst erläutert und einige ihrer wichtigsten Folgerungen besprochen haben, wollen wir uns auch die Frage stellen, welche a l l g e m e i n e B e d e u t u n g dieser Theorie zukommt. Denn sicher ist es nicht ohne Grund, daß die neue Theorie die besondere Aufmerksamkeit weiter Kreise auf sich zieht. Es handelt sich bei ihr um keine besonders interessante Spezialfrage, sondern um eine Theorie, die für die ganze Physik grundlegend ist. Auch erhebt sie den Anspruch, für a l l e Gebiete der Physik gültig zu sein. Wir haben früher von einem Relativitätsprinzip der Mechanik gesprochen. Man darf aber nicht glauben, daß dieses neben dem neuen Relativitätsprinzip seine Gültigkeit behält, so etwa, daß das eine für die Mechanik, das andere

für die Elektrodynamik beſtünde, vielmehr iſt auch für die Mechanik
die Galileitransformation durch die Lorentztransformation abgelöſt
und erſetzt, die ja übrigens für kleine Geſchwindigkeiten in die
erſtere übergeht.

Der gedankliche Anſchluß.

überdenken wir nun rückſchauend noch einmal all die neuen Gedanken und Ergebniſſe, denen wir begegnet ſind, ſo mag der Eindruck vorwalten, daß wir es hier mit einer alles umwälzenden
Theorie zu tun haben, mit einem völligen Abweichen aus der bis-
herigen Bahn des phyſikaliſchen Denkens. Sieht man aber genauer
zu, ſo wird man dieſen Eindruck nicht beſtätigt finden. Stets
führt der Fortſchritt der Wiſſenſchaften von den abſoluten Aufſtel-
lungen zu der Einſicht von der Relativität und Bedingtheit unſerer
Feſtſtellungen. Und von Kopernikus führt ein gerader Gedanken-
zug zu Einſtein. Hatte ſich die Menſchheit einmal von dem Gedanken losgeſagt, daß ſie der Pol der Welt ſei, daß Sonne und Sterne
ſich um die Erde drehen, ſo hatte ſie erſt recht keinen Grund, andere
Koordinatenſyſteme endgültig als die abſolut ruhenden anzuſehen.
Gewiß hat ſie ſich nur ſchrittweiſe von dem Abſoluten getrennt.
Sah ſie zunächſt in der Sonne das abſolut ruhende Geſtirn, ſo
wählte ſie ſpäter das Firſternſyſtem als grundlegendes Koordinatenſyſtem. Jedenfalls bot aber die Newtonſche Mechanik, wie wir ſahen,
die Mittel, um die Relativität aller reinen Bewegungsvorgänge
und Bewegungsgeſetze zu proklamieren, ſoweit Beſchleunigungen
aus dem Spiel bleiben. Nur unter dem Zwange der ſonderbaren
Ergebniſſe der Elektrodynamik fand man ſich mit einer neuen
Theorie ab, die wieder eine abſolute Bewegung im phyſikaliſchen Sinne anerkannte und als eine Bewegung gegen den ruhenden Äther definierte. Muß es nicht als eine Rückkehr zu den beſten
Traditionen naturwiſſenſchaftlicher Beſtrebungen erſcheinen, wenn
es Einſtein gelang, auch hier das Abſolute aus dem Sattel zu
heben und die Relativität an ſeine Stelle zu ſetzen? Noch dazu ein
Abſolutes, das dazu verurteilt war, ſtets unerforſchlich in ſeiner
Abſolutheit zu ſein. Denn ſo hieß es ja: Es gibt zwar eine abſolute
Bewegung der Körper gegen den Äther, aber dieſe Bewegung muß
ſtets unerkennbar bleiben, weil durch die Kontraktion der Körper
in der Bewegungsrichtung gerade alle Wirkungen kompenſiert wer-

ben, durch die die Bewegung festgestellt werden könnte. Es wird
wohl nur weniger Jahrzehnte bedürfen, und die heute noch um-
strittene Relativitätstheorie wird als etwas so Natürliches und
Selbstverständliches gelten, wie es uns heute der Umlauf der Erde
um die Sonne ist.

Abänderung der Naturgesetze.

Wir haben nun manchmal davon gesprochen, daß die Relativitätstheorie diesem oder jenem Naturgesetz eine andere Form gegeben
hat, z. B. den Grundgesetzen der Mechanik. Ist denn das möglich?
Werden uns denn die Naturgesetze nicht von der Natur vorgeschrie-
ben? Ja und nein. Die Erfahrung, der Versuch liefert uns bestimmte Zahlenreihen, es ist unsere Aufgabe, einen mathematischen
Zusammenhang zwischen je zwei solchen Zahlenreihen herzustellen,
die wir aufeinander beziehen wollen. Nun gibt es aber für alle
unsere Beobachtungen eine Grenze der Genauigkeit, über die wir
nicht hinauskönnen. Wir können diese Grenze mit der Zeit immer
weiter verschieben, wir können unsere Beobachtungen immer mehr
verfeinern, wir können aber niemals zu absolut genauen Beobachtungen vordringen. Somit können also auch die Zahlenreihen,
die durch eine mathematische Formel aufeinander bezogen werden
sollen, als in gewissen Grenzen schwankend und beliebig angesehen werden, und es können somit mehrere, prinzipiell
unendlich viel verschiedene Formeln angegeben werden, die zwischen den beiden Zahlenreihen eine Beziehung herstellen, d. h. wir
können Naturgesetze sehr verschiedener Form aufstellen, die den Beobachtungen genügen und unsere Erfahrungen zureichend erklären.
Unter allen diesen möglichen Zusammenhängen wird man sich
natürlich stets die einfachste Formel aussuchen, die mit allen in
Betracht kommenden Umständen verträglich ist. Die Relativitätsforderung soll nun eine der Grundlagen sein, mit der sich alle Naturgesetze im Einklang halten müssen. So wird sie zu einem Auswahlprinzip möglicher Naturgesetze. Die Naturgesetze müssen
alle in eine solche Form gebracht werden, daß sie Kovarianten
der Lorentztransformation sind, d. h. daß sie nach der Transformation von einem System auf das andere in der gleichen Gestalt
erscheinen. Es versteht sich hiernach von selbst, daß die zahlen-
mäßigen Ergebnisse der verschiedenen möglichen Naturgesetze stets

nur wenig voneinander abweichen können, wie wir denn ja auch
fordern müssen, daß die von der Relativitätstheorie angegebenen
Gesetze für kleine Geschwindigkeiten in die wohlerprobten Formeln
der klassischen Physik übergehen. So vermag die Relativitätstheorie
manche Erscheinungen, so namentlich den Michelsonversuch, zu er=
klären, ohne mit anderen Erfahrungen, die auch durch die früheren
Annahmen erklärt werden konnten, in Widerspruch zu geraten, wie
wir das etwa bei der Aberration und dem Dopplereffekt gesehen
haben.

Philosophische Bedeutung.

Es wird niemanden wundernehmen können, daß eine Theorie von
solcher Tragweite auch in den philosophischen Kreisen Aufmerksam=
keit erregt hat, zumal es den Anschein hatte, als ob die Physik hier
einen Begriff aufgeklärt hätte, der seit langer Zeit ein Hauptgegen=
stand philosophischer Untersuchungen gewesen ist. Begeisterte Zu=
stimmung ebenso wie vorsichtige Ablehnung hat die neue Theorie
von philosophischer Seite gefunden. Man darf aber die Verschieden=
heit des Standpunktes nicht übersehen. Es ist eine ganz andere Ein=
stellung, mit der Einstein, der Physiker, an den Begriff der Zeit
herangeht als etwa Kant, der Philosoph. Es ist gar nicht derselbe
Begriff, den beide meinen, wenn sie das gleiche Wort gebrauchen,
oder zum mindesten muß man sagen, daß der physikalische Zeit=
begriff nur einer der miteinander verwandten Untersuchungsgegen=
stände ist, die der Philosoph unter dem Titel „Zeit" behandelt. Es
ist nicht mit wenigen Worten zu sagen und zu erklären, was der Phi=
losoph meint, wenn er von der Zeit spricht, aber es ist leicht zu
sagen, was der Physiker damit meint. Der Physiker versteht unter
der Zeit, zu der ein Ereignis stattfindet, die Zahl der periodischen
Bewegungen, die eine — Uhr genannte — Vorrichtung bis zum
Eintritt des Ereignisses ausgeführt hat, wenn er eine nach Wahl
herausgegriffene Bewegung als die nullte festgesetzt hat. Die Zeit
ist hier nur gemessene Zeit, nur definiert mit Rücksicht auf
physikalische Vorgänge oder mechanische Einrichtun=
gen. Die Zeit ist diejenige veränderliche Größe, die mit Hilfe
von Uhren gemessen wird. Nur daß sie Größe hat, meßbar
und bestimmbar ist, kommt für die Physik in Betracht, und die
Untersuchung darüber, wie sie gemessen wird. Nicht aber inter=

essiert sich die Physik für ihre Qualität und Wesensbeschaffenheit. Diese Untersuchung bleibt der philosophischen Forschung vorbehalten, der allerdings durch die neuen physikalischen Einsichten eine vertiefte Grundlage gegeben ist, insofern nämlich die verschiedenen, leicht durcheinander fließenden Bedeutungen des Wortes sich jetzt schärfer gegeneinander abheben. Die Philosophie sucht, im wesentlichen übereinstimmend, nach Merkmalen der Zeit a priori, d. h. solchen, die nicht der Erfahrung entnommen sind, und stützt sich hierbei, je nach den Grundannahmen der verschiedenen philosophischen Richtungen, auf eine „reine Anschauung" oder auf „reines Denken" oder auf einen „phänomenologischen Befund". Die Zeitbestimmung der Physik besteht aber im Vergleich des Eintritts gewisser Ereignisse mit dem Ablauf bestimmter Vorgänge, sie besteht in der Konstatierung des raumzeitlichen Zusammentreffens eines Vorganges mit einer Uhrzeigerstellung. Die Zeitbestimmung ist also abhängig von dem physikalischen Verhalten der zeitmessenden Vorgänge. Nur die Erfahrung aber vermag uns z. B. über den Zusammenhang verschiedener Zeitmessungen zu unterrichten. Es ist also wohl ein Irrtum, wenn man sagt, Einstein habe die Durchführung der Relativitätstheorie durch eine neue Definition der Zeit ermöglicht. Eine neue Definition, das klingt nach so viel und wäre so wenig im Vergleich mit dem wirklich Geleisteten. Einstein hat vielmehr zum ersten Male der Physik zum Bewußtsein gebracht, welche stillschweigenden Voraussetzungen sie macht und stets gemacht hat, wenn sie von der Zeit gesprochen hat, er hat die Zeitmessung — eine rein physikalische Angelegenheit — von Vorurteilen befreit, die sie einem ganz anders gearteten Zeitbegriff entnommen hatte. Sicherlich ist dies aber eine Leistung von philosophischer Bedeutung, denn einmal fällt auch auf den von der Philosophie zu erforschenden Begriff der Zeit ein Licht, wenn der physikalische Zeitbegriff klar herausgestellt wird, zweitens aber ist es immer noch für die philosophische Forschung ein fruchtbarer Anstoß gewesen, wenn die Grundlagen und Voraussetzungen irgendeiner Wissenschaft — die ja auch einen Forschungsgegenstand der Philosophie bilden — von Vorurteilen und Mißverständnissen gereinigt worden sind, die dort von alters her erbangesessen waren.

XI. Historische Entwicklung der Relativitäts=theorie und Ausblick auf die allgemeine Relativitätstheorie.

Auf dem Wege, auf dem wir zur Relativitätstheorie gegangen sind, haben wir zunächst die l o g i s c h e n S t a t i o n e n nachdrück=lich betont, dem historischen Interesse haben wir bis jetzt weniger Rechnung getragen. Wir möchten es doch nicht unterlassen, wenig=stens in aller Kürze auch auf die Leistungen der Vorläufer der Theorie hinzuweisen, sodann des Mannes zu gedenken, der der Theorie ein mathematisches Rüstzeug an die Hand gegeben hat, das ihr zu einer ungewöhnlich raschen und eleganten Entwicklung verholfen hat, und zum Schluß darauf hinzudeuten, in welchen Bahnen bereits eine Weiterentwicklung der Theorie stattgefunden hat.

Die Elektrodynamik vor der Relativitätstheorie.

Nachdem jahrhundertelang die Mechanik die führende Rolle in der Physik gespielt hat und das Bestreben der Physiker darauf hinausging, alle Physik auf Mechanik zu gründen, trat im vergan=genen Jahrhundert ein Umschwung ein. In den Vordergrund des physikalischen Interesses traten die elektromagnetischen Vorgänge, die Kenntnisse auf diesem Gebiete wuchsen rasch, und der englische Physiker M a x w e l l gab diesen Forschungen einen vorläufigen Ab=schluß durch seine elektromagnetische Theorie, deren Quintessenz in den Maxwellschen Gleichungen enthalten ist. Eine Lücke aber wie=sen diese Gleichungen auf — und von hier aus führt der Weg un=mittelbar zu unserem Thema —, sie waren nicht ohne weiteres an=wendbar auf die elektrischen Vorgänge in bewegten Körpern. Diese Lücke auszufüllen, unternahm der so jung verstorbene, bedeutende Physiker H e i n r i c h H e r t z einen ersten Versuch. Er unternahm es, die Gleichungen der Elektrodynamik so abzuändern, daß sie sich dem Relativitätsprinzip der Mechanik fügten. Er nahm also die Gleich=wertigkeit auch in elektrodynamischer Beziehung aller gegeneinander mit gleichförmiger Geschwindigkeit bewegten Systeme an, d. h. er veränderte die Maxwellschen Gleichungen so, daß sie ihre Form bei Anwendung einer Galileitransformation nicht änderten. Aber die Ergebnisse der Theorie stimmten nicht mit der Erfahrung über=ein, und so mußte diese Theorie aufgegeben werden.

Sehr viel erfolgreicher waren die Unterſuchungen des holländiſchen Gelehrten H. A. Lorentz. Man darf ihn als denjenigen bezeichnen, der als erſter den Gedanken von der atomiſtiſchen Struktur der Elektrizität grundſätzlich zur Durchführung gebracht hat. Man bezeichnet die Lehre von den elektriſchen Atomen als Elektronentheorie, und auf dieſe Theorie geſtützt unternahm es Lorentz, die „elektromagnetiſchen Erſcheinungen in einem Syſtem, das ſich mit beliebiger, die des Lichtes nicht erreichender Geſchwindigkeit bewegt“, zu unterſuchen und zu erklären. Wir haben ſchon früher darauf hingewieſen, daß er dabei die Annahme eines abſolut ruhenden Äthers zugrunde legte und zur Erklärung des Umſtandes, daß die Bewegung der Erde gegen dieſen Äther doch nicht feſtſtellbar iſt, die beſondere Hypotheſe der Körperverkürzung einführen mußte. Lorentz ſelbſt fühlte das Unbefriedigende dieſer Annahmen. Er ſchreibt: „Sicherlich haftet dieſem Aufſtellen von beſonderen Hypotheſen für jedes neue Verſuchsergebnis etwas Künſtliches an. Befriedigender wäre es, könnte man mit Hilfe gewiſſer grundlegender Annahmen zeigen, daß viele elektromagnetiſche Vorgänge ſtreng, d. h. ohne irgendwelche Vernachläſſigung von Gliedern höherer Ordnung, von der Bewegung des Syſtems unabhängig ſind.“ Lorentz hat fortgeſetzt an einer Vervollkommnung ſeiner Erklärungsweiſen gearbeitet, und in der Tat hatte er ſchon den wichtigſten Teil der rechneriſch-theoretiſchen Arbeiten geleiſtet, als die Relativitätstheorie aufkam, und ſeinen Vorarbeiten verdankt die Relativitätstheorie ſehr weſentlich ihre raſche Entwicklung. Lorentz hatte ſchon die deshalb auch heute nach ihm genannten Transformationsgleichungen für den Übergang von einem ruhenden auf ein bewegtes Syſtem aufgeſtellt, aus der ſich die Kontraktion und faſt alle weſentlichen Reſultate der Relativitätstheorie ergeben, Lorentz hatte den Begriff einer „Ortszeit“ eingeführt, ohne dabei freilich an die Relativierung der Zeitangaben in dem Einſteinſchen Sinne zu denken, und er hat auch ſpäterhin ſeine Theorie ſo ausgebaut, daß ſie über alle Erſcheinungen genau ſo gut Auskunft zu geben vermag wie die Relativitätstheorie, nur gab er ſeinen Formeln nicht die Deutung der Relativitätstheorie und konnte ſie daher auch nicht aus einer ſo geringen Anzahl von grundlegenden und allgemeinen Hypotheſen ableiten, wie es der Relativitätstheorie möglich wurde.

In einem Aufſatz „Zur Elektrodynamik bewegter Körper“ hat

Einstein im Jahre 1905 zum ersten Male die Gedanken veröffentlicht, mit denen wir uns im vorstehenden beschäftigt haben. Es ist sicher die großartige Einheitlichkeit des Gesichtspunktes gewesen, die der Relativitätstheorie in kürzester Frist die Überlegenheit über die Lorentzsche Theorie verschafft hat. Sie machte aus der Spezialfrage, die diese Angelegenheit immerhin bisher gewesen war, eine Grundfrage der Physik, und die namhaftesten Physiker wandten ihr ihr Interesse zu. Sicherlich hat es zu ihrer raschen Anerkennung und Verbreitung nicht wenig beigetragen, daß Männer, wie der bekannte Berliner Physiker Max Planck, ihr von vornherein volles Verständnis entgegenbrachten und an ihrem Ausbau sowohl als an ihrer Darstellung literarisch Anteil nahmen.[1] In den zwölf Jahren, die seit jener Veröffentlichung vergangen sind, ist rastlos auf diesem Gebiet gearbeitet worden. Alle Gebiete der Physik sind vom Standpunkt der Relativitätstheorie aus erforscht worden, fast unübersehbar ist die Literatur, die sich über die Fragen der Relativitätstheorie angehäuft hat. Wir besitzen jetzt eine zusammenfassende wissenschaftliche Darstellung aus der Feder Max Laues, eine namentlich die mathematischen Grundlagen ausführlicher behandelnde Schrift von Weyl, und auch der meist kurzen Aufsätze sind nicht wenige, die eine gemeinverständliche Darstellung anstreben.[2]

Die Leistung Minkowskis.

Unter allen Arbeiten, die sich mit der weiteren Ausgestaltung der Relativitätstheorie beschäftigen, nimmt die Leistung des sehr jung verstorbenen Göttinger Mathematikers Hermann Minkowski eine ganz besondere Stellung ein. Er zeigte, daß man allen Formeln und Ableitungen der Relativitätstheorie ein überaus einfaches und symmetrisches Gewand geben kann, wenn man in rechnerischer Hinsicht die Zeit gleichwertig mit einer der Richtungen im Raume behandelt.

---

1) Max Planck, Acht Vorlesungen über theoretische Physik.

2) In der Sammlung Vieweg hat Einstein selbst eine solche besonders aufklärende Darstellung unter dem Titel „Über die spezielle und allgemeine Relativitätstheorie" gegeben. Eine sehr ausführliche und vorzügliche Darstellung der Relativitätstheorie, die namentlich auch auf alle Voraussetzungen der Theorie in einer Weise eingeht, die auch für den Nichtphysiker leserlich ist, ist das Buch von Born, Die Relativitätstheorie Einsteins. Verlag von Jul. Springer 1920.

Man hat somit im ganzen vier Variable, die man als Koordinaten eines vierdimensionalen Raumes, der „Welt", deuten kann. Man darf nicht glauben, daß durch diese rein rechnerische Einführung etwa die Zeit wirklich zu einer vierten Dimension des Raumes gemacht werden soll. Es ist nur eine kurze und unter Mathematikern unmißverständliche Sprechweise, wenn man sagt, daß man vier Variable als Koordinaten eines vierdimensionalen Raumes deutet. Es bietet sich dadurch für den Mathematiker die Möglichkeit, für manche algebraische Operationen eine Art geometrischer Deutung zu finden. Man kann in unserem Fall etwa von einem Weltpunkt sprechen und meint damit das Zusammensein dreier Raumkoordinaten und einer Zeitkoordinate. Man kann von einer Weltlinie sprechen und meint damit die Gesamtheit der Weltpunkte, die ein Körper der Reihe nach einnimmt. Bleibt ein Körper in Ruhe, so bleiben die drei Raumkoordinaten ungeändert und nur die Zeit= koordinate wächst. Man kann dann sagen, die Weltlinie des Körpers sei eine Parallele zur Zeitachse, wenn man sich den nur gedachten Raum wirklich mit vier Achsen ausgestattet denkt. Ja, man kann sogar eine solche Welt= linie zeichne= risch verfolgen, indem man der Reihe nach ihre Projektionen auf die durch je zwei der vier Achsenbestimm= ten sechs Ebe= nen zeichnet. Findet die Be= wegung speziell in der Richtung der X=Achse

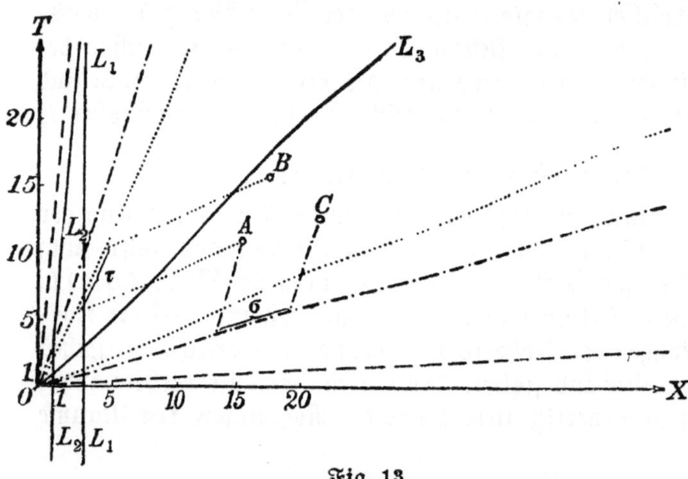

Fig. 13.

statt, so genügt es, sich die Ebene durch die X=Achse und die Zeit= achse zu veranschaulichen. Unsere Fig. 13 soll diese Möglichkeiten andeuten. Als Einheit auf der T=Achse ist der 300000. Teil einer Sekunde gewählt, als Einheit auf der X=Achse 1 km. L_1 stellt dann einen auf der X=Achse im Abstande 3 km vom Nullpunkt ruhenden Körper dar, L_2 dagegen einen Körper, der sich entlang der X=Achse bewegt.

Und zwar beginnt seine Bewegung mit der vierten Zeiteinheit (vorher ruhte er), sie ist gleichförmig und erfolgt mit der Geschwindigkeit von $\frac{300000}{13}$ km in der Sekunde. L_3 schließlich ist die Weltlinie eines Licht= signals, das die X=Achse entlangläuft. Der Neigungswinkel von 45^0 gegen die T=Achse ist es bei dieser Wahl der Einheiten, der die Licht= geschwindigkeit vorstellt und der somit nicht überschritten werden kann. Man sieht auch leicht, daß, wenn statt des gezeichneten Koordinaten= systems ein anderes eingeführt werden sollte, derart z. B., daß in ihm der Körper ruhte, der die Weltlinie L_2 beschreibt, dessen Nullpunkt aber zur gemeinsamen Zeit Null mit dem Nullpunkt des gezeichneten Systems zusammenfallen soll, es aus dem ersten durch Drehung um den Nullpunkt hervorgeht. In unserer Figur wird das durch die ge= strichelten Achsen angedeutet. Wie man sieht, entsteht dadurch ein schief= winkliges System. Es läßt sich nämlich zeigen, daß die X= und T=Achse stets symmetrisch zur Linie der Lichtgeschwindigkeit liegen müssen, weil ja in jedem System $x = ct$ sein muß und somit bei unserer Wahl der Einheiten die beiden Koordinaten jedes Punktes der Lichtlinie gleich lang sein müssen. Liegen nun zwei Ereignisse A und B vor, deren Verbindungslinie weniger als 45^0 gegen die T=Achse geneigt ist, so läßt sich stets ein Koordinatensystem angeben (das gepunktete), in dem die beiden Ereignisse nur einen Zeitabstand τ aufweisen, aber an der= selben Stelle des Koordinatensystems vor sich gehen, dasjenige nämlich, dessen T=Achse der Verbindungslinie AB parallel ist. Ist dagegen die Verbindungslinie AC etwa stärker als 45^0 gegen die T=Achse geneigt, so ist diese Einführung unmöglich, dagegen läßt sich ein Koordinaten= system angeben (das gepunktstrichelte), in dem A und C gleichzeitig stattfinden, also nur einen örtlichen Abstand σ haben, dasjenige nämlich, dessen X=Achse der Verbindungslinie AC parallel geht.

Man kann aber auch statt der Variablen x, y, z, t durch folgende Substitution neue Variabeln einführen:

$$x = x_1,\ y = x_2,\ z = x_3,\ ct = ix_4 \quad \left[i = \sqrt{-1} \right]$$

und erhält dadurch eine wesentliche Verkürzung und bessere Übersicht= lichkeit der Schreibweise. Statt der Gleichung

$$x^2 + y^2 + z^2 - c^2 t^2 = 0$$

haben wir beispielsweise einfach zu schreiben:

$$x_1^2 + x_2^2 + x_3^2 + x_4^2 = 0$$

oder noch kürzer:
$$\sum_{1}^{4}{}_i x_i^2 = 0,$$

und diese Erleichterungen sind von wirklich erheblichem Vorteil bei der Entwicklung und Ausgestaltung dee Theorie gewesen. Bei dieser Schreibweise stellt sich die Lorentztransformation als eine orthogonale Transformation im vierdimensionalen Raume dar, das heißt, wenn man die Analogie zum dreidimensionalen sucht, als eine Drehung des Koordinatensystems um einen imaginären Winkel. (Das Imaginäre kommt durch die vierte Koordinate herein.)

Allgemeine Relativitätstheorie.

Wir können unsere Betrachtungen über die Relativitätstheorie nicht abschließen, ohne wenigstens andeutungsweise auf die Gedanken hinzuweisen, die mit Notwendigkeit auf eine Weiterführung der Relativitätstheorie über den hier gezeichneten Stand hindrängen und bereits zu Ergebnissen von hervorragender Bedeutung geführt haben. Wieder war es Einstein vorbehalten, die Grundzüge einer „allgemeinen Relativitätstheorie" zu schaffen, der gegenüber diese ältere Theorie als die spezielle Relativitätstheorie bezeichnet wird. Auch wird durch diese neue Theorie die alte nicht ersetzt oder wertlos gemacht, so wenig wie die Newtonsche Mechanik durch die Relativitätstheorie überflüssig gemacht worden ist. Die Newtonsche Mechanik ist als Spezialfall in der Relativitätstheorie enthalten und wird wohl stets die Grundlage der alltäglichen Rechnungen in Wissenschaft und Technik bleiben. Ihre Annäherung an die relativistische Mechanik ist bei allen hier in Betracht kommenden Geschwindigkeiten so groß, daß der Unterschied zwischen beiden für diese Gebiete schlechterdings nicht in Betracht kommt. Ebenso ist die spezielle Relativitätstheorie als Spezialfall in der allgemeinen enthalten, ja es führt gar kein anderer Weg zur allgemeinen Relativitätstheorie als über die spezielle. Die Kenntnis ihrer Gesetzmäßigkeiten wird geradezu zur Ableitung der Ergebnisse der allgemeinen Theorie erfordert.

Welche Gedanken sind es nun, die die Schale der hier geschilderten Relativitätstheorie sprengen mußten? Wir haben gesehen, daß die Relativitätstheorie die Gleichwertigkeit aller Koordinatensysteme lehrt, die sich mit gleichförmiger Geschwindigkeit gegen-

einander bewegen. Hier liegt die Frage nahe, warum eine
solche Gleichwertigkeit nur auf diese Systeme beschränkt ist, ob es
nicht möglich ist, auch beschleunigte Systeme als gleichwertig
zu behandeln, die Relativitätstheorie auf beschleunigte Koordinatensysteme auszudehnen. Newton leugnete diese Möglichkeit. Es gibt
nämlich, wie ja allgemein bekannt ist, eine Anzahl von Erscheinungen, die für beschleunigte Systeme charakteristisch sind. Fährt
man in einem Eisenbahnzug mit gleichbleibender Geschwindigkeit,
so zeigen die Gesetze der Mechanik keine Abweichung gegenüber
denen, die für die ruhende Erde gelten. Ein Apfel, der aus dem
Tragnetz fällt, fällt senkrecht herunter, ohne die Einwirkung von
Kräften wird der Bewegungszustand keines Körpers geändert, die
Koffer bleiben liegen, wo man sie hinverstaut hat, und die Menschen bleiben auf ihren Plätzen sitzen. Ganz anders wird das in
den Augenblicken, in denen die Bewegung des Zuges beschleunigt
oder verzögert wird, da können bei einer plötzlichen Bremsung die
Menschen von ihren Plätzen geschleudert werden und schwere Gepäck-
stücke sich von selbst in eine unliebsame Bewegung setzen. Noch
deutlicher wird dieser Unterschied im Fahrstuhl. Die Beschleunigung und Verzögerung bei der Anfahrt und dem Stillstehen macht
sich durch eine eigenartige Empfindung bemerkbar, die ihre Ursache
im veränderten Blutdruck hat, wohingegen während der gleichmäßigen Fahrt keine solche Empfindung zu spüren ist.

Denken wir uns — ein sehr instruktives und vielgebrauchtes Beispiel — einen großen Kasten, in dem ein Physiker sitzt und allerhand
mechanische Versuche anstellt. Denken wir uns diesen Kasten in
einem Galileischen System gleichförmig beschleunigt nach oben bewegt: würde der Physiker diesen Bewegungszustand feststellen können? Der Physiker im Inneren des Kastens würde die Beobachtung
machen müssen, daß beliebige Körper, ohne daß eine Kraft auf
sie einwirkt, zu Boden fallen, und zwar, daß alle Körper gleich
schnell fallen. Da in einem nur gleichförmig bewegten System die
Körper aber ihren Bewegungszustand beibehalten, also nicht fallen,
so würde er wohl schließen können, daß sein Kasten nicht einem
solchen System entspricht, wenn nicht noch eine andere Erklärungs-
möglichkeit übrig wäre. Machen wir doch auf der Erde alltäglich
eine gleiche Erfahrung. Auch auf der Erde fallen doch alle Körper
gleich schnell, ohne daß wir diese Erscheinung durch den Bewegungs-

zuſtand der Erde erklären oder auch nur erklären könnten. Vielmehr ſchreiben wir das der Einwirkung der **Erdanziehung**, der **Schwerkraft** zu. Die Körper auf der Erde befinden ſich im **Gravitationsfeld** unſeres Planeten und fallen in ihm alle gleich ſchnell. Wie nun, wenn ſich der Kaſten unſeres Phyſikers auch in einem Gravitationsfeld befände, und zwar in Ruhe befände, wenn der Kaſten alſo z. B. auf der Erdoberfläche ſtände? Der Mann im Inneren des Kaſtens würde dieſen Fall gar nicht von dem unterſcheiden können, in dem er ſich in einem Raume bewegte, der gravitationsfrei zu denken iſt. Wir kommen alſo zu dem merkwürdigen Ergebnis, daß man zum mindeſten in manchen Fällen ein ruhendes Syſtem in einem Gravitationsfeld und ein beſchleunigtes Syſtem als gleichwertig behandeln kann. Das hat ſeinen Grund in dem beachtenswerten Umſtande, daß die Maſſe eines Körpers zugleich „träge" und „ſchwere" Maſſe iſt. Die träge Maſſe wird durch eine Zahl charakteriſiert, die dafür maßgebend iſt, welchen Widerſtand der Körper Kräften entgegenſetzt, die ihn zu bewegen trachten. Je größer die träge Maſſe eines Körpers iſt, deſto geringer iſt die Beſchleunigung, die eine und dieſelbe Kraft an ihm hervorzurufen vermag. Es iſt nun äußerſt merkwürdig und ſehr erklärungsbedürftig, daß genau dieſelbe Zahl maßgebend iſt für die Schwerkraft, die auf den Körper einwirkt, die der Körper gewiſſermaßen auslöſt. Denken wir uns eine Korkkugel und eine Bleikugel von genau derſelben Größe. Die Maſſe der Korkkugel iſt ſehr viel kleiner. Laſſen wir zwei genau gleich große Kräfte auf beide Kugeln einwirken, ſo wird die Bleikugel in ſehr viel langſamere Bewegung geraten als die Korkkugel. Nun ſetzen wir beide Kugeln dem Einfluß eines und desſelben Körpers, der Erde, aus. Beide werden jetzt trotz ihrer ungleichen Maſſe gleich ſchnell bewegt. Wie iſt das möglich? Die Bleikugel ruft eben eine ſtärkere Krafteinwirkung der Erde auf ſich wach als die Korkkugel. Die Erde iſt ſtets und an allen Stellen bereit, Schwerkraft **beliebiger** Größe auszuüben. Die Größe der **wirklich** auf einen Körper ausgeübten Schwerkraft iſt nun abhängig von gerade derſelben Größe, die ſeine Trägheit beſtimmt, von ſeiner Maſſe. So kommt es alſo, daß auf einen Körper von der doppelten trägen Maſſe **auch** die doppelte Kraft von ſeiten der Erde ausgeübt wird, und daß ſomit alle Körper gleich ſchnell fallen, ſich unter dem Einfluß eines Schwerefeldes gleichartig bewegen. Das also ist der Grund, weswegen unser Kastenphysiker nicht entscheiden kann, ob er beschleunigt bewegt ist oder sich ruhend in einem Schwerefeld befindet.

Diese Gleichheit zweier Körperkonstanten ist nun aber doch eine recht auffallende Tatsache, die befriedigend nur dadurch erklärt werden könnte, daß es gelänge, die beiden Konstanten der trägen und der schweren Masse auf eine einzige zurückzuführen, und dieser Gedanke führte Einstein zu dem Versuch, die Gesetze in Schwerefeldern als gleichartig mit den Gesetzen in beschleunigten Systemen zu behandeln. Keineswegs soll das heißen, daß man sich jedes Schwerefeld in seiner vollen Ausdehnung durch ein beschleunigtes System ersetzen kann. Schon für das Erdfeld ist das unmöglich, da diese Systeme an den verschiedenen Stellen der Erde ja radikal auseinanderstreben würden. Aber für ein hinreichend kleines Feld, wollen wir annehmen, soll es stets möglich sein. Betrachten wir etwa einen Quadratkilometer Bodenfläche auf der Erdoberfläche, so weichen an allen Stellen dieses Feldes die Fallrichtungen so wenig voneinander ab, daß wir sie als parallel betrachten können. Ein solches hinreichend kleines Stück eines Gravitationsfeldes können wir also einem beschleunigten gravitationsfreien Felde gleichwertig denken. Wir brauchen ja nur dem System die Beschleunigung zuzuschreiben, die im Gravitationsfelde die Körper zeigen.

Zu den beschleunigten Koordinatensystemen gehören nun als spezieller Fall auch die sich drehenden Systeme. Newtons Meinung war es, daß der Rotation eines Körpers absoluter Charakter zukäme, daß man ohne Bezugnahme auf ein besonders bestimmtes Koordinatensystem feststellen könnte, ob sich ein Körper dreht oder nicht, daß Drehung schlechthin als Drehung im absoluten Raume feststellbar sei. An einem Körper, der sich dreht, treten nämlich Zentrifugalkräfte auf, die namentlich auch eine Veränderung seiner Gestalt bewirken. Eine Kugel z. B. plattet sich zu einem Rotationsellipsoid ab, und eine solche Abplattung, meint Newton, kann man als ein Zeichen wahrer Rotation nehmen.

Stellen wir uns einmal den folgenden Fall vor. Wir haben in weiter Entfernung von allen übrigen Massen zwei flüssige Körper. Die gegenseitige Beobachtung ergibt, daß die Körper gegeneinander um ihre Zentrale rotieren. Der eine Körper A hat die Gestalt einer

Kugel, der andere B die eines abgeplatteten Rotationsellipsoides. Obwohl nun die gegenseitige Beobachtung nur zeigt, daß A gegen B rotiert und B gegen A, so würde doch Newton erklären, B sei der eigentlich rotierende Körper und A befinde sich in Ruhe, denn die Abplattung gilt ihm eben als eine Folge der Rotation, und zwar der absoluten Rotation, der Drehung gegen den Raum. Man müßte es also gewissermaßen als eine Eigenschaft des Raumes deuten, daß sich durch seinen Einfluß Körper, die sich in ihm drehen, abplatten. Auf das Unbefriedigende dieser Annahme hat schon Ernst Mach hingewiesen, der gerade solchen Grund=fragen und versteckten

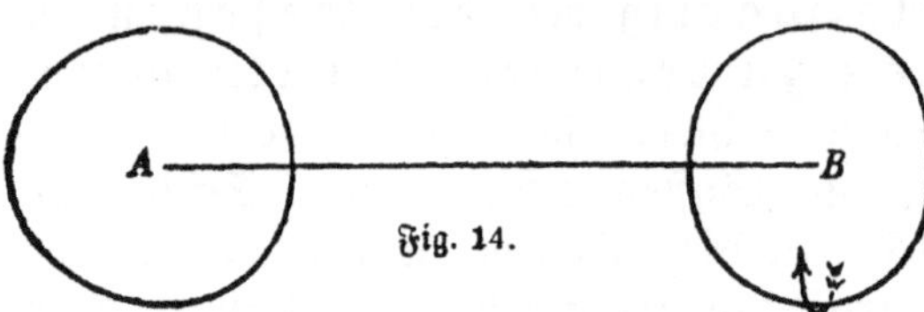

Voraussetzungen ein besonderes Interesse gewidmet hat. Schon er macht darauf aufmerksam, daß es nicht angängig sei, den Einfluß der fernen Massen in irgendeinem Versuch auszuschalten und auf diese Weise kennen zu lernen. Es könnte doch gerade das Vorhandensein dieser sehr fernen Massen ganz ausschlaggebend für den Ausfall der Versuche sein. Niemand kann sagen, ob ein Körper, der jetzt Ellipsoidgestalt hat, nicht zur Kugelgestalt zurückkehren würde, wenn man die fernen Massen ver=schwinden lassen könnte.

Führt man diesen Gedanken fort, so kann man geradezu zu der Auffassung gelangen, daß es überhaupt die Rotation gegen die Ge=samtheit der fernen Massen ist, die die Abplattung bewirkt, und nicht die Rotation in einem „absoluten" Raum. Legt man aber diese Auffassung zugrunde, so wird auch die Relativität der Dreh=bewegung ersichtlich. Denn wenn die Abplattung des sich gegen die fernen Massen drehenden Körpers eine Folge eben der Einwir=kung jener Massen ist, so wird auch in diesem Falle nur die Relativdrehung eine Rolle spielen, es wird auf dasselbe hinaus=kommen, ob man sich den Körper B als in Rotation befindlich denkt, oder aber diesen Körper als ruhend voraussetzt und dafür die fernen Massen in Umdrehung denkt.

Man könnte, um diese Annahme zu prüfen, sogar an einen Ver=such denken. Man könnte sich ein Rad mit sehr schwerer Peripherie herstellen und in Umdrehung versetzen. Dieses Rad müßte an einem in seiner Mitte angebrachten Körper Fliehkräfte hervorrufen, gerade=

so als ob der Körper in der Mitte selbst sich in Rotation befindet. Nur reichen selbst die größten uns jetzt zur Verfügung stehenden rotierenden Massen, die großen Schwungräder der Dampfmaschinen, nicht aus, um einen merklichen derartigen Einfluß auch auf die leichtesten in ihre Mitte gebrachten Massen auszuüben.

Einstein hat nun in der Tat den Versuch unternommen, die prin= zipielle Gleichwertigkeit aller nur möglichen Koordi= natensysteme zu postulieren, und dieser Versuch schloß eine neue Theorie der Gravitation in sich, insofern als wenigstens hinreichend kleine Gravita= tionsfelder als Äquivalente beschleunigter Systeme anzusehen waren. Die Aufnahme der beschleunigten Systeme unter die berechtigten führt nun aller= dings zu Annahmen, die an Schwierigkeit für das erste Verständnis alles übertreffen, was die Physik

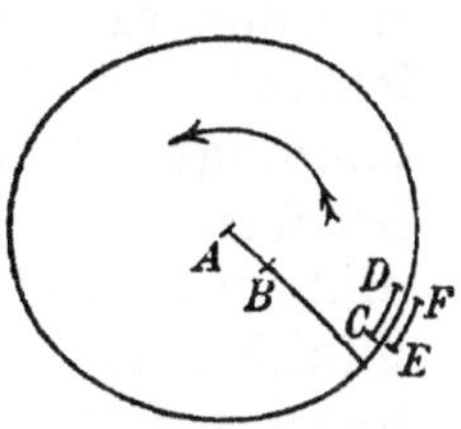

Fig. 15.

bisher geboten hat. Um davon wenigstens eine Vorstellung zu geben, möge folgende Überlegung dienen. Denken wir uns, die Zeichen= ebene der Fig. 15 sei ein Galileisches System, und in dieser Ebene rotiere eine starre Kreisscheibe. Die Scheibe soll zunächst von einem in der Ebene ruhenden Beobachter ausgemessen werden. Wir denken uns die Scheibe in einem kreisförmigen, dicht anschließenden Aus= schnitt der ruhenden Ebene befindlich. Dann genügt es, wenn der Beobachter diesen Rand nachmißt und den Durchmesser mit Hilfe einer oberhalb der Scheibe querüberliegenden Stange feststellt. Er wird dann die aus der elementaren Geometrie bekannte Beziehung zwischen Umfang und Radius des Kreises finden, die durch die Formel ausgedrückt wird:

$$(32) \qquad u = 2\pi r \quad \text{oder} \quad \frac{u}{2r} = \pi.$$

Nun nehmen wir r als eine ganze, ziemlich große Zahl an und denken uns rund um die Kreisscheibe $2r$ Beobachter aufgestellt, deren gegen= seitiger Abstand dann also von Beobachter zu Beobachter π Maß= einheiten betragen muß. E und F seien zwei solche Beobachter. Alle diese Beobachter sollen gleichzeitig nach Uhren der ruhenden Ebene an der ihnen gerade gegenüberliegenden Stelle der Kreisscheibe ein Merkzeichen C und D anbringen. Dann wird die Scheibe durch diese Merkzeichen in $2r$ gleiche Teile geteilt. Wir wollen dabei annehmen, daß r so groß ist, daß auf einer Strecke von der Länge π Maßein=

heiten die Kreisperipherie nur unmerklich von einer Geraden abweicht. Dann dürfen wir den Teil zwischen zwei Merkzeichen als Teil eines gegen die feste Ebene geradlinig gleichförmig bewegten Systems ansehen, auf ihn also die Ergebnisse der speziellen Relativitätstheorie anwenden. Wir lassen nun einen mit der Scheibe mitbewegten Beobachter ihren Durchmesser und ihren Umfang ausmessen. Hinsichtlich des Durchmessers wird er zu demselben Ergebnis kommen wie der ruhende, da ja bei dieser Messung (Lage A B) sein Maßstab überall senkrecht zur Bewegungsrichtung steht. Anders bei der Messung des Umfangs. Er braucht nur einen der $2r$ gleichen Teile auf dem Rande der Kreisscheibe nachzumessen. Dieser wird ihm aber länger als π Maßeinheiten erscheinen müssen, da ja, in dieser Richtung angelegt, sein Maßstab die Lorentzkontraktion zeigt, oder, anders ausgedrückt, weil dieselbe Strecke zwischen den zwei Marken vom mitbewegten System aus länger erscheint als vom ruhenden. Zwischen dem Umfang und Radius findet er also nicht die Beziehung (32), sondern

$$ u = 2k\pi r \quad \text{oder} \quad \frac{u}{2r} = k\pi, $$

wobei k nach (22) gleich $1/\sqrt{1 - v^2/c^2}$ ist. v ist hier $r\omega$, wenn ω die Umdrehungsgeschwindigkeit bedeutet. Es haben also nicht einmal alle konzentrischen Kreise auf einer solchen Scheibe dasselbe Verhältnis des Umfangs zum Durchmesser. Dieses ist vielmehr außer von der Drehgeschwindigkeit auch noch vom Kreisradius abhängig, d. h. es ergeben sich hier nicht mehr die Maßbeziehungen der gewöhnlichen, der sogenannten Euklidischen Geometrie, wenn man ihre Gültigkeit für die Körperwelt mit Hilfe von starren Maßstäben untersucht.

Aber auch eine einheitliche Zeitmessung könnte auf der Drehscheibe nicht durchgeführt werden. Denken wir uns zwei Kreise von verschiedenem Radius, deren Mittelpunkt der Drehpunkt sei, mit

Fig. 16.

Uhren besetzt. Nehmen wir an, es sei gelungen, die Uhren des äußeren Kreises untereinander synchron zu stellen und die des inneren Kreises ebenfalls. Es würde auch genügen, wenn es mit einigen dieser Uhren gelänge. In einer hinreichend kurzen Zeit dürfen wir, wenn beide Radien groß genug sind, zwei kleine Kreisstücke als geradlinig gleichförmig bewegt ansehen. Das äußere Kreisstück ist aber rascher bewegt als das innere, und somit müssen seine Uhren nach unseren früheren Erwägungen langsamer gehen als die des inneren Kreises. Es würde hier also nicht die Forderung erfüllt sein, daß, wenn zwei Uhren mit einer dritten synchron gehen, sie auch untereinander synchron gehen. Man sieht schon aus diesen wenigen Ausführungen, welche Schwierigkeiten sich bei der Zulassung beschleunigter Systeme als gleichberechtigt ergeben. Die Ausmessung des Raumes mit Maßstäben führt nicht mehr zu den Beziehungen der Euklidischen Geometrie. Eine Folge davon ist, daß wir in der allgemeinen Relativitätstheorie den Raum als inhomogen und die Maßstäbe somit als verschieden lang an verschiedenen Orten denken. Die Inhomogenität des Raumes ergibt sich aus der anzunehmenden Verschiedenheit des Gravitationsfeldes an seinen verschiedenen Stellen. Auch die Ausmessung der Zeit mit Uhren, deren Gang ebenfalls — wie wir noch zeigen werden — vom Gravitationsfelde abhängt, führt zu keiner Synchronitätsbestimmung mehr.

Einstein hat sich denn auch dazu entschließen müssen, bei der Formulierung solcher Naturgesetze, die in allen nur denkbaren Koordinatensystemen ihre Form bewahren sollen, von der Bestimmung der Vorgänge direkt durch Raum= und Zeitgrößen ganz abzusehen. Jedes Ereignis wird durch vier Zahlen gekennzeichnet, denen aber keine unmittelbar anschauliche Bedeutung zukommt, wie noch in der speziellen Relativitätstheorie den Kartesischen Koordinaten als mit starren Maßstäben gemessenen Längen im Raum und der Zeitkoordinate, die mit einer Uhr gemessen wird. Diese vier Zahlen müssen vielmehr erst durch Umrechnung mit den Raum= und Zeitmessungen in Beziehung gesetzt werden. Welches Maß von Abstraktion zu einer eingehenden Behandlung der Physik auf diesen Grundlagen erforderlich ist, wird hiernach ohne weiteres einleuchten.[1]

Es fragt sich nun, welche Ergebnisse denn diese neueste Theorie

---

1) Eine ungemein anschauliche und klare Darstellung dieser Umstände und der hier nur ganz kurz angedeuteten Grundgedanken und Folgerungen der allgemeinen Relativitätstheorie hat Einstein selbst in dem soeben erschienenen Buche: „Über die spezielle und die allgemeine Relativitätstheorie" gegeben. Durch die allgemeine Relativitätstheorie werden auch der Philosophie zwei Fragen zu erneuter Beantwortung gestellt: „Raum und Zeit und die Naturwissenschaften" und „die mathematische und die physikalische Geometrie", die beide in dem Einsteinschen Buche angeschnitten sind.

etwa schon aufzuweisen hat. Ihre Voraussetzung ist es, daß sich ein hinreichend eng begrenztes Gravitationsfeld in Gedanken durch ein beschleunigtes Koordinatensystem ersetzen läßt, daß alle Vorgänge in einem solchen Gravitationsfeld genau so verlaufen wie in einem beschleunigten und dafür schwerefreien System. Betrachtet man nun ein solches Gebiet auch noch in einer hinreichend kurzen Zeit, in der sich seine Geschwindigkeit nicht merklich ändert, so haben wir in diesem kleinen Raum=Zeitgebiet ein Galileisches System vor uns, und es wird nun angenommen, daß in diesem Grenzfall die bisher betrachtete spezielle Relativitätstheorie gilt. Kennt man aber nun die Gesetze der Natur für ein sehr kleines Raum=Zeitgebiet, so gibt die Mathematik Mittel an die Hand, die Gesetze für ausgedehntere Gebiete ausfindig zu machen.

Wir wollen nur ein ganz einfaches Beispiel dafür betrachten, wie wir durch diese Betrachtungsweise über die Gesetzmäßigkeiten der Gravitationsfelder unterrichtet werden können. Denken wir einmal wieder an unseren beschleunigten Kasten und nehmen an, daß er in seiner Seitenwand ein Loch habe. Durch dieses Loch fällt ein Lichtstrahl senkrecht zur Bewegungsrichtung in den Kasten. Welchen Weg legt der Strahl gegenüber dem Kasten zurück? In einem gleichförmig bewegten System läuft der Strahl geradlinig, in einem beschleunigten System wird ein quer zur Bewegungsrichtung laufender Lichtstrahl demnach gekrümmt erscheinen. Sind nun die Gesetze der Schwerefelder dieselben wie die bewegter Systeme, so muß auch im Schwerefeld der Lichtstrahl in der Richtung der Schwerkraft aus der geraden Bahn abgelenkt werden. Diese Folgerung hat Einstein tatsächlich gezogen. Das Gravitationsfeld der Erde ist allerdings nicht stark genug, um eine Messung möglich zu machen. Das Gravitationsfeld der Sonne aber reicht dazu aus. Das Licht eines Sternes, das sehr nahe an der Sonne vorbeikommt, müßte durch ihr Gravitationsfeld um 1,7″ aus seiner Bahn abgelenkt werden. Eine solche Feststellung ist aber nur bei Gelegenheit der Beobachtung einer totalen Sonnenfinsternis möglich, weil nur dann die Sonne hinreichend abgeblendet ist, um die in ihrer Nähe stehenden Sterne zu beobachten. Die Beobachtungen während der Sonnenfinsternis des Jahres 1919 haben nun in der Tat eine derartige Ablenkung, wie sie die Theorie vorausgesagt hat, ergeben.

Eine andere Folgerung sehr wichtiger Art — nämlich daß die Gang=
geschwindigkeit einer Uhr vom Gravitationspotential abhängig ist —
liefert uns folgende Überlegung: Das Koordinatensystem B mit den
Achsen X und Y (Fig. 17) befinde sich gegenüber einem Galileisystem,
das irgendwie in der Ebene des Papiers festgelegt sein möge, in gleich=
förmig beschleunigter Bewegung in Richtung der positiven X=Achse.
Die Beschleunigung möge b betragen. In den Punkten P und Q mögen
sich zwei gleichbeschaffene schwingende Atome befinden. Schwingende
Atome sind die Ursache der Lichtaussen=
dung und ihre Schwingungszahl ist maß=
geblich für die Schwingungszahl des aus=
gesandten Lichtes oder, anders ausge=
drückt, für seine Farbe. Nehmen wir nun
an, beide Atome schwingen n=mal in der
Sekunde, wenn man die Schwingungs=
zahl mit einer benachbarten Uhr feststellt.

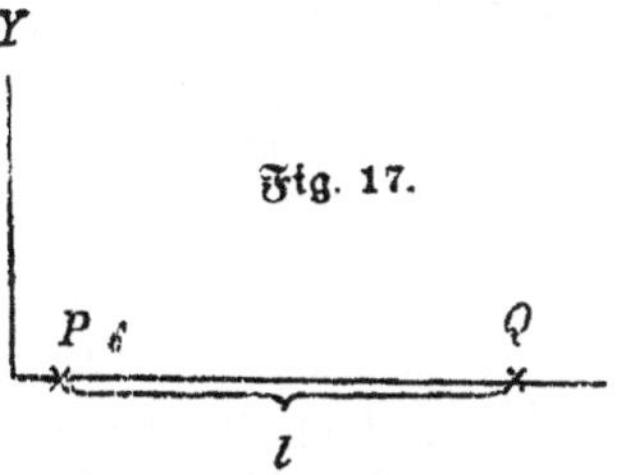

Nun möge von dem Atom Q ein Lichtblitz in dem Augenblick aus=
gesandt werden, in dem das System B sich gerade gegenüber dem an=
genommenen Galileisystem in Ruhe befindet.[1]) Bis dieser Lichtblitz
in P ankommt, vergeht die Zeit $t = l/c$, wenn l der Abstand der
beiden Atome ist und wir die Beschleunigung des Systems P so klein
annehmen, daß die vom System zurückgelegte Strecke gegen die vom
Licht zurückgelegte nicht in Betracht kommt. Infolge der Beschleuni=
gung b hat das System bei der Ankunft des Lichtblitzes in P die Ge=
schwindigkeit $v = bt = bl/c$. Demnach folgt aus dem Dopplerprinzip,
daß einem Beobachter in P die Schwingungszahl größer erscheint, und
zwar ist $n' = n(1 + v/c)$, wenn wir unter n' die dem Beobachter in
P erscheinende Schwingungszahl verstehen.[2]) D. h. wenn der Beobach=
ter in P das Elektron in Q beobachtet, so macht es in der Sekunde
$n(1 + v/c)$ Schwingungen, in t Sekunden $nt(l + v/c)$ Schwingungen.
Da nun eine Uhr in Q während n Schwingungen eine Sekunde an=
zeigt, zeigt sie während $nt(1 + v/c)$ Schwingungen $t(1 + v/c)$ Sekun=
den an. D. h. wenn wir unter t die in P an einer bei P befindlichen

---

1) Einem Galileisystem gegenüber befindet es sich ja in jedem Augen=
blick in Ruhe, so daß der obigen Forderung stets genügt werden kann.

2) Die Formel stimmt mit der Formel (12) auf S. 35 überein, wenn
man berücksichtigt, daß hier v und c entgegengesetzt gerichtet sind und daher
das positive Vorzeichen auftritt.

Uhr gemeſſene Zeit und unter t' die von P aus an einer bei Q be=
findlichen Uhr abgeleſene Zeit verſtehen, ſo iſt

$$(33) \qquad t' = t\left(1 + \frac{v}{c}\right) = t\left(1 + \frac{bl}{c^2}\right) = t\left(1 + \frac{\Phi}{c^2}\right)$$

wenn man unter $\Phi = bl$ die Potentialdifferenz zwiſchen Q und P ver=
ſteht, die ſich ergeben würde, wenn man an Stelle der Beſchleunigung
des Syſtems das entſprechende Schwerefeld einführen würde. Da es
nun das Prinzip der allgemeinen Relativitätstheorie iſt, die Geſetze
der Schwerefelder aus den für beſchleunigte Syſteme gültigen Verhält=
niſſen abzuleiten (ſ. S. 95), ſo erhalten wir das Reſultat, daß eine
Uhr in einem Schwerefeld einer anderen gegenüber eine Gangbeſchleuni=
gung aufweiſt, wenn ſie ſich an einer Stelle höheren Potentials be=
findet. Da aber natürlich alle Vorgänge in der Nähe der Uhr mit deren
Zeitangaben in Übereinſtimmung ſtehen, ſo verlaufen alle Vorgänge
an Orten höheren Potentials raſcher, wenn ſie von einer Stelle niedrigeren
Potentials aus betrachtet werden, als wenn ſie vom gleichen Ort aus
betrachtet werden. Auch die Atomſchwingungen, von denen wir ja aus=
gingen, müſſen demnach an einem Punkt höheren Gravitationspotentials
für einen Beobachter an einem Punkt niedereren Potentials raſcher er=
folgen und umgekehrt langſamer für einen Beobachter auf höherem
Potential. Da nun aber das Gravitationspotential auf Weltkörpern
von größerer Maſſe geringer iſt als auf der Erde (Man denke ſich einen
Stein von der Erde auf jenen Körper gebracht. Dabei würde Arbeit
gewonnen werden, der Körper alſo an eine Stelle niedereren Potentials
gelangen), ſo müſſen die Spektrallinien, die Atome auf Weltkörpern
großer Maſſe ausſenden, uns Erdbewohnern im Spektrum nach dem
Rot verſchoben erſcheinen, wenn wir ſie mit den Spektrallinien gleich=
artiger Atome auf der Erde vergleichen. Auch hier ſcheinen die Beob=
achtungen mit der Theorie im Einklang zu ſtehen.

Mit der ſoeben gewonnenen Einſicht der Abhängigkeit des Uhren=
ganges vom Schwerepotential können wir nun auch jenes Uhrenproblem
reſtlos erledigen, das innerhalb der
ſpeziellen Relativitätstheorie nicht
befriedigend gelöſt werden konnte.

Fig. 18.

In Fig. 18 möge U_1 die Uhr ſein,
die dauernd in einem Jnertialſyſtem ruht, die Uhr U_2 ſoll ſich mit der
Geſchwindigkeit v von ihr um die Strecke l entfernen und ſich ihr mit der

gleichen Geschwindigkeit dann wieder nähern. Während beider Bewegungen läuft sie langsamer als die Uhr U_1, und zwar ist nach Gleichung (24) S. 69

$$t_2 = t_1 \sqrt{1 - \frac{v^2}{c^2}} = t_1 \left(1 - \frac{1}{2} \frac{v^2}{c^2}\right).$$

Da nun die Zeit t_1, die erforderlich ist, damit die bewegte Uhr den Hin= und Rückweg zurücklegt, $2\,l/v$ ist, so ist die mit U_2 gemessene Zeit

$$t_2 = \frac{2l}{v}\left(1 - \frac{1}{2} \frac{v^2}{c^2}\right) = \frac{2l}{v} - \frac{vl}{c^2}$$

um den Betrag vl/c^2 kleiner als die mit U_1 gemessene Zeit. Das ist also die lediglich nach der speziellen Relativitätstheorie vom Stand= punkt der Uhr U_1 aus berechnete Uhrendifferenz, die sich nach Rückkehr der Uhr U_2 ergeben muß.

Wie stellt sich nun die Sachlage von dem System der Uhr U_2 aus betrachtet dar? Während der Zeiten gleichförmiger Bewegung befindet auch sie sich jedesmal in einem Galileisystem und es muß die Uhr U_1, die als gleichförmig bewegt erscheint, ihr gegenüber nachgehen, und zwar um denselben Betrag, den wir eben errechnet haben. Aber während der Umkehr befindet sich die Uhr U_2 von U_1 aus gesehen in einem beschleunig= ten System. Wir wollen annehmen, daß die Beschleunigung b betrage, und die Zeit berechnen, die sie zur Umkehr der Bewegung braucht. Die Beschleunigung muß die Geschwindigkeit v in $-v$ verwandeln, also eine Änderung von $2v$ hervorrufen. Die dazu erforderliche Zeit ergibt sich aus der Gleichung

$$2v = b\tau$$
$$\tau = \frac{2c}{b}.$$

Während dieser Zeit herrscht im System der Uhr U_2, wenn wir es als ruhend betrachten wollen, ein Gravitationsfeld von der Beschleunigung b, und zwar befindet sich die Uhr U_1 an einem Punkt höheren Potentials, dessen Potentialdifferenz gegen U_2 durch $\Phi = bl$ gegeben ist. Dieses Schwerefeld herrscht während der Zeit $\tau = 2v/b$ und die Formel (33) lehrt uns, daß U_1 währenddessen die Zeit

$$\tau\left(1 + \frac{\Phi}{c^2}\right) = \frac{2v}{b}\left(1 + \frac{bl}{c^2}\right) = \frac{2v}{b} + \frac{2vl}{c^2} = \tau + \frac{2vl}{c^2}$$

angibt. D. h. zunächst daß die durch die Beschleunigung hervorgerufene Zeitdifferenz beider Uhren unabhängig davon ist, wie lang oder besser wie kurz die Zeit der Beschleunigung genommen wird. Der Grund dafür liegt in dem Umstand, daß natürlich die Beschleunigung um so größer angenommen werden muß, je kürzer die Beschleunigungszeit genommen wird. Wir sind also berechtigt, die Beschleunigungszeit so kurz anzunehmen, wie wir wollen. Dann ergibt sich folgendes Resultat: Während der beiden gleichförmigen Bewegungen wird U_1, von U_2 aus betrachtet, insgesamt um den Betrag vl/c^2 zurückbleiben, während der Beschleunigungsperiode aber um $2\,vl/c^2$ vorgehen, so daß insgesamt die Uhr U_1 gegen U_2 um vl/c^2 vorgehen muß, wenn beide wieder nebeneinander liegen. Es zeigt sich also, daß sich der Unterschied von U_1 und U_2 in gleicher Weise ergibt, von welchem System aus man auch den Vorgang beurteilt, wenn man nur alle Umstände der Relativitätstheorie gemäß in Rücksicht zieht.

Die überraschendste Leistung der allgemeinen Relativitätstheorie ist aber die folgende. Die Bahnen der Planeten sind seit langer Zeit auf das genaueste nach den Newtonschen Gesetzen berechnet, und die Berechnungen und Beobachtungen haben überall vorzüglich übereingestimmt mit Ausnahme eines einzigen Falles. Die Bahnen der Planeten ergeben sich rechnerisch, wenn man den Einfluß der Sonne und aller anderen Planeten auf jeden von ihnen berücksichtigt. Man kann dann den Einfluß der Planeten beiseite lassen und allein die Einwirkung der Sonne berücksichtigen und so eine ideelle Bahn konstruieren, die der Planet nur unter der Sonnenanziehung allein durchlaufen müßte. Diese Bahn muß eine Ellipse sein und ihre Lage im „Raum", d. h. in einem System, das durch sehr ferne Sterne bestimmt ist, dauernd beibehalten. Man kann nun auch die beobachtete Bahn auf Abwesenheit der anderen Planeten korrigieren, und dann ergibt sich in der Tat für alle Planeten diese im Raume feststehende Ellipse mit Ausnahme des Merkur. Die Merkurellipse nämlich dreht sich, und zwar um 43" in einem Jahrhundert. Der Astronom Leverrier hat durch Rechnung gezeigt, daß diese Abweichung der Beobachtung von der Rechnung bei Zugrundelegung der Newtonschen Mechanik nur durch die Annahme unbekannter Massen erklärt werden könne. Man hat nach solchen Massen aber vergeblich gesucht.

Auch die allgemeine Relativitätstheorie hat nun, wie schon die spezielle, Abänderungen an den Grundgleichungen der Mechanik vornehmen müssen. Und nun ergab sich das überraschende Resultat, daß bei Zugrundelegung der neuen relativistischen Mechanik die Perihelbewegung der Merkurbahn, und zwar genau in dem von der Beobachtung gegebenen Betrage, durch die Theorie gefordert und somit erklärt wird.

Diese Leistung der allgemeinen Relativitätstheorie, durch welche eine Schwierigkeit gelöst wird, die seit einem Jahrhundert die Astronomen beschäftigt, darf man wohl als eine hervorragende Bestätigung dieser Theorie ansehen. Nicht als ob hierdurch die neue Theorie über jeden Zweifel erhaben wäre, aber sicher wird es dazu führen, daß sich trotz der damit verbundenen Schwierigkeiten viele Interessen diesem Neubau der Physik zuwenden und daß alle Gebiete der Physik unter diesem Gesichtspunkt neu durchforscht werden. Die Relativitätstheorie ist nichts bereits Fertiges, sie ist erst etwas Werdendes, sie gehört der Zukunft, und wahrscheinlich gehört auch ihr die Zukunft.

Register.

Physikalisches Wörterbuch. Von Prof. Dr. *G. Berndt*, Berlin. Mit 81 Fig im Text. [IV u. 200 S.] 8. 1920. (Teubn. kl. Fachwörterb. Bd. 5.) Geb. M. 7.—

In mehr als 2500 Stichworten gibt das Wörterbuch eine knappe aber klare Erklärung der wichtigsten Begriffe, Erscheinungen und Gesetze aus allen Gebieten der Physik. Alle Anwendungen, die für das praktische Leben von besonderer Bedeutung sind, werden berücksichtigt, Fremdworte sind etymologisch erklärt und zahlreiche Schemazeichnungen zum leichteren Verständnis beigegeben.

Erkenntnistheorie und Physik. Von Dr. *E. Gehrcke*, Professor an der Universität Berlin. Mit 4 Fig. im Text. [IV u. 119 S.] 8. 1921.

Die Schrift, die sich an den Physiker, wie den Philosophen, aber auch den Mathematiker wendet, kommt dem allgemeinen Verlangen nach Naturphilosophie, nach Zusammenfassung des Einzelwissens auf den von ihr behandelten Gebieten entgegen.

Physik und Kulturentwicklung durch techn. u. wissenschaftl. Erweiterungen der menschl. Naturanlagen. Von Geh. Hofrat Dr. Otto **Wiener**, Prof. a. d. Univers. Leipzig. 2. Aufl. Mit 72 Abb. im Text. [X u. 118 S.] 8. Geh. M. 6.—, geb. M. 8,80

„Es ist konzentriertes Wissen, das uns hier geboten wird, die Zusammenfassung der Erkenntnise und der bisher erzielten höchsten Leistungen auf allen Gebieten der Naturwissenschaften und Technik." (Helios.)

Lehrbuch der Physik. Von Prof. *E. Grimsehl*, weil. Dir. an der Oberrealschule a. d. Uhlenhorst in Hamburg. Zum Gebrauch beim Unterr., bei akad. Vorles. u. z. Selbststudium. 2 Bde. Bearb. v. Prof. Dr. *W. Hillers* u. Prof. Dr. *H. Starke*. I. Bd.: Mechanik, Wärmelehre, Akustik u. Optik. 5., verm. u. verb. Aufl. Mit 1049 Fig., 10 Fig. auf 2 farb. Taf. u. 1 Titelb. [XVI u. 1029 S.] gr. 8. 1921. Geh. M. 32.—, geb. M. 38.—. II. Bd.: Magnetismus u. Elektrizität. 4., verm. u. verb. Aufl. Hrsg. v. Prof. Dr. *W. Hillers* in Hamburg u. Prof. Dr. *H. Starke* i. Aachen. Mit 548 Fig. [VIII u. 634 S.] gr. 8. 1920. M. 22.—, geb. M. 26.—

Populäre Astrophysik. Von Dr. *J. Scheiner*, weil. Prof. am astrophysikal. Observatorium z. Potsdam. 3. Aufl., neubearb. v. Dr. *K. Graff*, Prof. a. d. Sternwarte in Bergedorf b. Hamburg. Mit zahlr. Tafeln u. Fig. [U. d. Pr. 1921.]

Die durchgreifende Neubearbeitung des Werkes hat die neuesten Forschungsergebnisse berücksichtigt, die sich nicht mehr nur auf die Physik der Gestirne beziehen, sondern auch in das Gebiet der Astronomie übergreifen. Insbesondere ist auf die äußerst wichtigen Entdeckungen entsprechend ausführlich eingegangen worden, welche die Beziehungen zwischen den Spektren und der absoluten Helligkeit der Sterne und damit auf einfachstem Wege ihre Entfernung festgestellt haben. Durch Beseitigung entbehrlicher Einzelheiten und Wiederholungen, durch klare Gliederung des Stoffes und zahlreiche Abbildungen ist dafür gesorgt, daß die Anschaulichkeit überall zur Geltung kommt und so auch weiteren Kreisen ein Einblick in das Schaffensgebiet der neueren Himmelskunde gegeben wird.

Astronomie. Unter Redaktion von Geh. Reg.-Rat Dr. *J. Hartmann*, Prof. a. d. Univ. Göttingen. Bearb. von *L. Ambronn, Fr. Boll, A. v. Flotow, F. K. Ginzel, K. Graff, P. Guthnick, J. Hartmann, J. v. Hepperger, H. Kobold, S. Oppenheim, E. Pringsheim†*. Mit 44 Abb. im Text u. 8 Tafeln. [VIII u. 638 S.] Lex. 8. 1921. (Die Kultur der Gegenwart hrsg. von Prof. Dr. *P. Hinneberg*, Berlin. Teil III, Abt. III, Bd. 3.) Geh. M. 38.—, geb. M. 46.—

„Soll ich in kurzen Worten mein Urteil über das Buch zusammenfassen, so möchte ich sagen: bei völligem Fehlen nutzloser Spekulationen verbindet es eine Übersicht über die gesamte astronomische Forschung mit einer historischen Darstellung des Einflusses der Sternkunde auf das äußere Leben und die Weltanschauung aller Kulturstufen. Es gehört daher in die Bibliothek — natürlich jedes Fachmannes — aller Freunde der Himmelskunde, aber besonders auch in die Schulbibliotheken." (Kölnische Volkszeitung.)

Auf sämtl. Preise Teuerungszuschl. d. Verlags 120 % (Abänd. vorbeh.) u. teilw. d. Buchh.

Verlag von B. G. Teubner in Leipzig und Berlin

Preise freibleibend

Weltanschauungen, D., d. groß. Philosophen der Neuzeit. Von Prof. Dr. L. Busse. 6. Aufl., hrsg. v. Geh. Hofrat Prof. Dr. R. Falckenberg. (Bd. 56.)

Weltentstehung. Entsteh. d. W. u. d. Erde nach Sage u. Wissenschaft. Von Prof. Dr. M. B. Weinstein. 3. Aufl. (Bd. 223.)

Weltuntergang in Sage und Wissenschaft. Von Prof. Dr. S. Oppenheim und Prof. Dr. K. Ziegler. (Bd. 720.)

Willensfreiheit. Das Problem der W. Von Prof. Dr. G. F. Lipps. 2. Afl. (Bd. 383.)

— s. auch Ethik, Mechanik d. Geisteslebens, Psychologie.

II. Pädagogik und Bildungswesen.

Berufswahl, Begabung u. Arbeitsleistung i. ihren gegenseit. Beziehungen. V. W. J. Ruttmann. 2. A. M. 7 Abb. (Bd. 522.)

Bildungswesen, D. deutsche, i. s. geschichtl. Entwicklung. V. Prof. Dr. Fr. Paulsen. 4. Aufl. M. Bildn. P's. (Bd. 99/100.)

— s. auch Volksbildungswesen.

Erziehung. E. zur Arbeit. Von Prof. Dr. Edv. Lehmann. (Bd. 459.)

— Deutsche E. in Haus u. Schule. Von J. Tews. 3. Aufl. (Bd. 159.)

— s. a. Großstadterz., Relig. Erziehung.

Fortbildungsschulwesen, Das deutsche. Von Geh. Reg.-Rat Prof. Dr. F. Schilling. (Bd. 256.)

Fröbel, Friedrich. Von Dr. Joh. Prüfer. 2. verb. Aufl. M. 2 Abb. (Bd. 82.)

Großstadterziehung. Die Großstadt als Jugenderziehungs- und Jugendbildungsstätte. V. J Tews. 2. Aufl. (327.)

Herbart. Johann Friedrich H.s Leben und Lehre mit besond. Berücksichtigung seiner Erziehungs- und Bildungslehre Von Bezirksschulinspektor Dr. Th. Fritzsch. (Bd. 164.)

Hochschulen s. Techn. Hochschulen u. Univ.

Jugendpflege. Von Fortbildungsschullehrer W Wiemann (Bd. 434.)

Leibesübungen siehe Abt. V.

Mittelschule s. Volks- u. Mittelschule.

Pädagogik. Allgemeine. Von Prof. Dr. Th. Ziegler. 4 Aufl. (Bd. 33)

— Experimentelle P. mit bes. Rücksicht auf die Erzieh durch die Tat. Von Dr. W. A. Lay. 3., vrb. A. M. 6 Abb. (Bd. 224.)

— siehe Erziehung, Psychologie. Abt. I.

Pestalozzi. Leben u. Ideen. V. Geh. Reg. Rat Prof. Dr. P. Natorp. 3. Afl. (250.)

Religiöse Erziehung in Haus u. Schule. V. Prof. Dr. F. Niebergall. (599.)

Rousseau. Von Prof. Dr. P. Hensel. 3. Aufl. Mit 1 Bildnis. (Bd. 180.)

Schule siehe Fortbildungs-, Techn. Hoch-, Volksschule, Universität.

Schulhygiene. Von Reg.-Rat Prof. Dr. L. Burgerstein. 4. Aufl. Mit 24 Abb. (Bd. 96.)

Schulkämpfe d. Gegenw. Von J. Tews. 2. Aufl. (Bd. 111.)

Student, Der Leipziger, von 1409 bis 1909. Von Dr. W. Bruchmüller. Mit 25 Abb. (Bd. 273.)

Studententum. Geschichte des deutschen St. Von W. Bruchmüller. (Bd. 477.)

Techn. Hochschulen in Nordamerika. Von Geh. Reg.-Rat Prof. Dr. S. Müller. M. zahlr. Abb., Karte u. Lagepl. (190.)

Universitäten. Über U. u. Universitätsstud. V. Prof. Dr. Th. Ziegler. Mit 1 Bildn. Humboldts. (Bd. 411.)

Unterrichtswesen, Das deutsche, der Gegenwart. Von Geh. Studienrat Oberrealschuldir. Dr. K. Knabe. (Bd. 299.)

Volksbildungswesen. V. Stadtbbl. Prof. Dr. G. Fritz. 2. Aufl. M. 12 Abb. (Bd. 266.)

Volks- und Mittelschule, Die preußische. Entwicklung und Ziele. Von Geh. Reg.- u. Schulrat Dr. A. Sachse. (Bd. 432.)

Zeichenkunst. Der Weg z. Z. Ein Büchl. f. theor. u. prkt. Selbstbd. V. Dir. Dr. E. Weber. 3. A. M. 84 Abb. u. 1 Farbt. (430.)

III. Sprache, Literatur, Bildende Kunst und Musik.

Altnordische Literaturgesch. s. Literatur.

Architektur siehe Baukunst und Renaissancearchitektur.

Ästhetik. Von Prof. Dr. R. Hamann. 2. Aufl. (Bd. 345.)

Baukunst. Deutsche B. Von Geh. Reg.-Rat Prof. Dr. A. Matthaei. 4 Bd. I. Deutsche Baukunst im Mittelalter. B. b. Anf. b. z. Ausgang d. roman. Baukunst. 4. Aufl. Mit 35 Abb. (Bd. 8.) II. Gotik u. „Spätgotik". 4. Aufl. Mit 67 Abb. (Bd. 9.) III. Deutsche Baukunst in d. Renaissance u. b. Barockzeit b. z. Ausg. d. 18. Jahrh. 2. Afl. Mit 63 Abb. i Text (Bd. 326.) IV. Deutsche B. im 19. Jahrh. u. i. d. Gegenw. 2. Afl. M. 40 Abb. (781.)

— siehe auch Renaissancearchitektur.

Beethoven siehe Haydn.

Bildende Kunst, Bau und Leben der b. K. Von Dir. Prof. Dr. Th. Volbehr. 2. Aufl. Mit 44 Abb. (Bd. 68.)

Bildende Kunst s. a. Bauk., Griech. K., Impression., Kunst, Maler, Malerei, Stile.

Björnson siehe Ibsen.

Buch. Wie ein Buch entsteht siehe Abt. VI.

— s. auch Schrift- u. Buchwesen Abt. IV.

Dekorative Kunst d. Altertums. B. Dr. Fr. Poulsen. M. 112 Abb. (Bd. 454.)

Denkmalpflege siehe Abt. IV.

Drama, Das. Von Dr. B. Busse. Mit Abb. 3 Bde. I: B. d. Antike z. franz. Klassizismus. 2. A., neub. v. Studienr. Dr. J. K. Niedlich, Prof. Dr. R. Imelmann u. Prof. Dr. Glaser. M. 3 Abb. II: Von Voltaire zu Lessing. 2. Aufl. Von Dir. Dr. Ludwig u. Prof. Dr. Glaser. III: V. d. Romant. z. Gegenw. (287/289.)

Drama. D. dtsche. D. d. 19. Jahrh. In s. Entwickl.bgest.b.Prof. Dr. G. Wittkowski. 4. Aufl. M. Bildn. Hebbels. (Bd. 51.)

Drama f. a. Goethe, Grillparzer, Hauptmann, Hebbel, Ibsen, Lessing, Literatur, Schiller, Shakespeare, Theater.

Dürer, Albrecht. V. Prof. Dr. R. Wustmann. 2. Afl., neubearb. u. ergänzt v. Geh. Reg.-Rat Prof. Dr. A. Matthaei. Mit Titelb. u. 31 Abb. (Bd. 97.)

Französischer Roman siehe Roman.

Frauendichtung. Gesch. d. dt. F. f. 1800. V. Dr. H. Spiero. M. 3 Bild. (390.)

Fremdwortkunde. Von Dr. E. Richter.

Gartenkunst siehe Abt. IV. [(Bd. 570.)

Goethe. Von Prof. Dr. M. J. Wolff. (Bd. 497.)

Griech. Komödie, D. V. Geh. Hofr. Prof. Dr. A. Körte. M. Titelb. u. 2 Taf. (400.)

Griechische Kunst. Die Blütezeit der g. K. im Spiegel der Reliefsarkophage. Eine Einf. i. d. griech. Plastik. V. Prof. Dr. H. Wachtler. 2. A. M. zahlr. Abb. (272.)

— siehe auch Dekorative Kunst.

Griechische Lyrik. Von Geh. Hofrat Prof. Dr. E. Bethe. (Bd. 736.)

Griech. Tragödie, Die. V. Prof. Dr. J. Geffcken. M. 5 Abb. i. T. u. a. 1 Taf. (566.)

Grillparzer, Franz. Von Prof. Dr. A. Kleinberg. M. Bildn. (Bd. 513.)

Harmonielehre. Von Dr. H. Scholz. (Bd. 703/04.)

Harmonium f. Tasteninstrum.

Hauptmann, Gerhart. V Prof. Dr. E. Sulger-Gebing. M. 1 Bildn. 2. Aufl. (Bd. 283.)

Haydn. Mozart, Beethoven. Von Prof. Dr. C. Krebs. 3. Aufl. Mit 4 Bildn. auf Tafeln. (Bd. 92.)

Hebbel, Friedrich, u. f. Dramen. V. Geh. Hofr Prof. Dr. O. Walzel. 2. Afl. (408.)

Heimatpflege siehe Abt IV.

Heldensage, Die germanische. Von Dr. J. W Bruinier. (Bd. 486.)

Homerische Dichtung, Die. Von Rektor Dr. G. Finsler. (Bd. 496.)

Ibsen u. Björnson. Von Prof. Dr. G. Neckel. (Bd. 635.)

Impressionismus. Die Maler des J. Von Prof. Dr. B. Lázár. 2. A. M. 32 Abb. auf 16 Tafeln. (Bd. 395.)

Klavier siehe Tasteninstrumente.

Komödie siehe Griech. Komödie.

Kunst. Das Wesen der deutschen bildenden K. Von Geh. Rat Prof. Dr. H Thode. (Bd. 585.)

— f. a. Baut., Bild., Dekor., Griech. K.; Pompeji, Stile; Gartenk. Abt. IV.

Lessing. Von Prof. Dr. Ch. Schrempf. Mit einem Bildnis. - (Bd. 403.)

Literatur. Entwickl. der deutsch. L. seit Goethes Tod. V. Dr. W. Brecht. (595.)

— Geschichte der niederdeutschen L. v. d. ältest. Zeiten bis z. Gegenw. Von Prof. Dr. W. Stammler. (Bd. 815.)

— Altnordische Literatur-Geschichte. Von Prof. Dr. G. Neckel. (Bd. 782.)

— Einführung i. d. Verständnis literarischer Kunstwerke. Von Prof. Dr. P. Merker. (Bd. 711.)

Lyrik. Geschichte d. deutsch. L. f. Claudius. V. Dr. H. Spiero. 2. Aufl. (Bd. 254.)

— f. auch Frauendichtung, Griechische Lyrik, Literatur, Minnesang, Volkslied.

Maler, Die altdeutschen, in Süddeutschland. Von H. Nemitz. Mit 1 Abb. i. Text und Bilderanhang. (Bd. 464.)

— f. Dürer, Michelangelo, Impression. Rembrandt.

Malerei, D. deutsche i. 19. Jahrh. V. Prof. Dr. R. Hamann. 2 Bde. (448—449.)

— Niederl. M. im 17. Jahrh. V. Prof. Dr. H. Jantzen. M. 37 Abb. (373.)

Märchen f. Volksmärchen.

Michelangelo. Eine Einführung in das Verständnis seiner Werke. V. Prof. Dr. E. Hildebrandt. Mit 44 Abb. (392.)

Minnesang. D. Liebe i. Liede d. dtsch. Mittelalt. V. Dr. J. W. Bruinier. (404.)

Mozart siehe Haydn.

Musik. Die Grundlagen d. Tonkunst. Versuch einer entwicklungsgesch. Darstell. d. allg. Musiklehre. Von Prof. Dr. H. Rietsch. 2. Aufl. (Bd. 178.)

— Musikalische Kompositionsformen. V. E. G. Kallenberg. Band I: Die elementar. Tonverbindungen als Grundlage d. Harmonielehre. Bd. II: Kontrapunktik u. Formenlehre. (Bd. 412. 413.)

— Geschichte der Musik. Von Dr. A. Einstein. 2. Aufl. (Bd. 438.)

— Beispielsammlung zur älteren Musikgeschichte. V Dr. A. Einstein. (439.)

— Musikal. Romantik. Die Blütezeit d. m. R. in Deutschland. Von Dr. E. Istel. 2. verb. Aufl. (Bd. 239.)

— f. auch Harmonielehre, Haydn, Oper, Orchester, Tasteninstrumente, Wagner.

Mythologie, Germanische. Von Prof. Dr. J. v. Negelein. 3. Aufl. (Bd. 95.)

— siehe auch Volkssage. Deutsche.

Nibelungenlied, Das. Von Prof. Dr. J. Körner. (Bd. 591.)

Niederdeutsche Literatur f. Literatur.

Niederländ. Malerei f. Malerei, Rembrandt.

Novelle siehe Roman.

Oper, Die moderne. Vom Tode Wagners bis zum Weltkrieg (1883—1914). Von Dr. E. Istel. Mit 3 Bildn. (Bd. 495.)

— siehe auch Haydn, Wagner.

Orchester. Das moderne Orchester. Von Prof. Dr. Fr. Volbach I. Die Instrumente d. O. (Bd. 714.) II. Das mod. O. i. f. Entwickl. 2. Afl. M. Titelb. u. 2 Taf. (715.)

Orgel siehe Tasteninstrumente.

Personennamen. D. deutsch. V. Geh. Studienrat A. Bähnisch. 3. A. (Bd. 296.)

Perspektive, Grundzüge d. P. nebst Anwend. V. Prof. Dr. K. Doehlemann. 2. verb. Aufl. Mit 91 Fig. u. 11 Abb. (510.)

Phonetik. Einführ. i. d. Ph. Wie wir sprechen. V. Dr. E. Richter. M. 20 A. (354.)

Photographie, D. künstler. Ihre Entwicklg., ihre Probl., ihre Bedeutung. V. Studienrat Dr. W. Warstat. 2. verb. Aufl. Mit Bilderanhang. (Bd. 410.)

— f. auch **Photographie** Abt. VI.

Plastik s. Griech. Kunst, Michelangelo.
Poetik. Von Dr. R. Müller-Freienfels. 2. Aufl. (Bd. 460.)
Pompeji. Eine hellenist. Stadt in Italien. Von Geh. Hofrat Prof. Dr. Fr. v. Duhn. 3. Aufl. M. 62 Abb. i. T. u. auf 1 Taf., sowie 1 Plan. (Bd. 114.)
Projektionslehre. In kurzer leichtfaßlicher Darstellung f. Selbstunterr. und Schulgebrauch. V. akad. Zeichenl. A. Schubeisky. Mit 208 Abb. (Bd. 564.)
Rembrandt. Von Prof. Dr P. Schubring. 2. Aufl. Mit 48 Abb. auf 28 Taf. i. Anh. (Bd. 158.)
Renaissance siehe Abt. IV.
Renaissancearchitektur in Italien. Von Prof. Dr. P. Frankl. I. Bd. M. 12 Taf. u. 27 Textabb. (Bd. 381.)
Rhetorik. Von Prof. Dr. E. Geißler. 2 Bde. I. Richtlinien für die Kunst des Sprechens. 3. verb. Aufl. II. Deutsche Redekunst. 2. Aufl. (Bd. 455/456.)
Roman. Der französische Roman und die Novelle. Ihre Geschichte v. d. Anf. b. z. Gegenw. Von O. Flake. (Bd. 377.)
Romantik, Deutsche. V. Geh. Hofrat Prof. Dr. O. F. Walzel. 4. Aufl. I. Die Weltanschauung. II. Die Dichtung. (Bd. 232/233.)
— Die Blütezeit der mus. R. in Deutschland. V. Dr. E. Istel. 2. Aufl. (239.)
Sage siehe Heldensage, Mythol., Volkssage.
Schauspieler, Der. Von Prof. Dr. Ferdinand Gregori. (Bd. 692.)
Schiller. Von Prof. Dr. Th. Ziegler. Mit 1 Bildn. 3. Aufl. (Bd. 74.)
Schillers Dramen. Von Direktor E. Heusermann. (Bd. 493.)
Shakespeare. Sh. u. seine Zeit. Von Prof. Dr. R. Imelmann. (Bd. 816.)
— Sh.'s Werke. Von Prof. Dr. R. Imelmann. (Bd. 817.)

Sprache, Die Haupttypen des menschlich. Sprachbaus. Von Prof. Dr. F. N. Finck. 2. Aufl. v. Prof. Dr. E. Kieders. (268.)
— Die deutsche Sprache v. heute. V. Studienr. Dr. W. Fischer. 2. verb. A. (475.)
— Fremdwortkunde. Von Privatdozentin Dr. Elise Richter. (Bd. 570.)
— siehe auch Phonetik, Rhetorik; ebenso Sprache u. Stimme Abt. V.
Sprachstämme, Die, des Erdkreises. Von Prof. Dr. F. N. Finck. 2. Afl. (Bd. 267.)
Sprachwissenschaft. Von Prof. Dr. Kr. Sandfeld-Jensen. (Bd. 472.)
Stile, Die Entwicklungsgesch. d. St. in der bild. Kunst. V. Dr. E. Cohn-Wiener. 3. Aufl. I.: V. Altertum b. z. Gotik. M. 69 Abb. II.: V. d. Renaissance b. z. Gegenwart. Mit 42 Abb. (Bd. 317/318.)
Tasteninstrumente. Klavier, Orgel, Harmonium. Das Wesen der Tasteninstrumente. V. Prof. Dr. O. Bie. (Bd. 325.)
Theater, Das, v. Altert. bis zur Gegenw. Von Prof. Dr. Chr. Gaehde. 3. Aufl. 17 Abb. (Bd. 230.)
Tragödie s. Griech. Tragödie.
Urheberrecht siehe Abt. VI.
Volkslied, Das deutsche. Über Wesen und Werden d. deutschen Volksgesanges. Von Dr. J. W. Bruinier. 5. Aufl. (Bd. 7.)
Volksmärchen, Das deutsche V. Von Pfarrer K. Spieß. (Bd. 587.)
Volkssage, Die deutsche. Übersichtl. dargest. v. Dr. O. Böckel. 2. Aufl. (Bd. 262.)
— s. a. Heldens., Nibelungenl., Mythologie.
Wagner. Das Kunstwerk Richard W.s. Von Dr. E. Istel. M. 1 Bildn. 2. Aufl. (330.)
— siehe auch Musikal. Romantik u. Oper.
Zeichenkunst. Der Weg z. Z. Ein Büchlein für theoretische und praktische Selbstbildung. Von Dir. Dr. E. Weber. 3. Aufl. Mit 84 Abb. u. 1 Farbtafel. (Bd. 430.)
— s. auch Perspektive, Projektionslehre; Geometr. Zeichn. Abt. V, Techn. Z. Abt. VI.
Zeitungswesen. Von Dr. H. Diez. 2. durchgearb. Aufl. (Bd. 328.)

IV. Geschichte, Kulturgeschichte und Geographie.

Alpen, Die. Von H. Reishauer. 2., neub. Aufl. von Prof. Dr. H. Slanar. Mit Abb. und Karten. (Bd. 276.)
Altertum, Das, im Leben der Gegenwart. V. Prov.-Schul- u. Geh. Reg.-Rat Prof. Dr. P. Cauer. 2. Aufl. (Bd. 356.)
— D. Altertum, seine staatliche u. geistige Entwicklung und deren Nachwirkungen. V. Studienrat H. Preller. (Bd. 642.)
Amerika. Gesch. d. Verein. Staaten v. A. V. Prof. Dr. E. Daenell. 2. A. (Bd. 147.)
— Südamerika. V. Regier.- u. Ökonomier. Prof. Dr. E. Wagemann. (718.)
Amerikaner, Die. V. N. M. Butler. Dtsch. v. Prof. Dr. W. Paszkowski. (319.)
Antike. Deutschtum u. A. in ihrer Verknüpfung. Ein Überblick von Oberstudienrat Konrektor Prof. Dr. E. Stemplinger und Konrektor Prof. Dr. H. Bamer. Mit 1 Taf. (Bd. 689.)
Antike. A. Wirtschaftsgeschichte. Von Dr. O. Neurath. 2. Aufl. (Bd. 258.)
— Antikes Leben nach den ägyptischen Papyri. V. Geh. Hofrat Prof. Dr. Fr. Preisigke. Mit 1 Tafel. (Bd. 565.)
Arbeiterbewegung s. Soziale Bewegungen.
Australien und Neuseeland. Land, Leute und Wirtschaft. Von Prof. Dr. R. Schachner. Mit 23 Abb. (Bd. 366.)
Baltische Provinzen. V. Dr. V. Tornius. 3. Aufl. M. 8 Abb. u. 2 Kartensk. (Bd. 542.)
Bauernhaus. Kulturgeschichte des deutschen B. Von Baudir. Dr.-Ing. Chr. Ranck. 3. Aufl. Mit 73 Abb. (Bd. 121.)
Bauernstand. Gesch. d. dtsch. B. V. Prof. Dr. H. Gerdes. 2., verb. Aufl. Mit 22 Abb. i. Text (Bd. 320.)
Belgien. Von Dr. P. Oßwald. 3. Aufl. Mit 4 Karten i. T. (Bd. 501.)

Japan. V. Prof. Dr. K. Haushofer. (822.)

Jena. Von J. b. z. Wiener Kongreß. Von Prof. Dr. G. Roloff. (Bd. 465.)

Jesuiten. Die. Eine hist. Skizze. Von Prof. Dr. H. Boehmer. 4. Aufl. (Bd. 49.)

Indien. Von Prof. Dr. Sten Konow. (Bd. 614.)

Island, d. Land u. d. Volk. V. Prof. Dr. P. Herrmann. M. 9 Abb. (Bd 461.)

Juden. Geschichte d. J. seit d. Unterg. d. jüd. Staates. Von Prof. Dr. J. Elbogen. (Bd. 748.)

Kartenkunde. Vermessungs- u. K. 6 Bde. Mit Abb. I. Geogr. Ortsbestimmung. Von Prof. Schnauder. (Bd. 606.) II. Erdmessung. Von Prof. Dr. O. Eggert. (Bd. 607.) III. Landmess. V. Geh. Finanzrat F. Sudow. Mit 69 Zeichn. (Bd. 608.) IV. Ausgleichungsrechnung n. d. Methode d. kleinst. Quadrate. V. Geh. Reg.-Rat Prof. Dr. E. Hegemann. M. 11 Fig. i. Text. (Bd. 609.) V. Photogrammetrie, (Einfache Stereo- u. Luftphotogrammetrie). V. Diplom-Ing. H. Lüscher. Mit 78 Fig. i. Text u. a. 2 Tafeln. (Bd. 612.) VI. Kartenkunde. V. Finanzr. Dr.-Ing. A. Egerer. 1. Einführ. i. d. Kartenverständnis. Mit 49 Abbildungen im Text. 2. Kartenherstellung (Landesaufn.). (Bd. 610/611.)

Kirche f. Staat u. K.; Kirche Abt. I.

Krieg. Kulturgeschichte d. Kr. Von Prof. Dr. K. Weule, Geh. Hofrat Prof. Dr. E. Bethe, Prof. Dr. V. Schmeidler, Prof. Dr. A. Doren, Prof. Dr. V. Herre. (Bd. 561.)

— f. auch Feldherren.

Kriegsschiffe. Unsere. Ihre Entstehung u. Verwendung. V. Geh. Mar.-Baur. a. D. E. Krieger. 2. Aufl. v. Geh. Mar.-Baur. Fr. Schürer. M. 62 Abb. (389.)

Luther, Martin L. u. d. d'sche Reformation. Von Prof. Dr. W. Köhler. 2., verb. Aufl. M. 1. Bildn. Luthers. (Bd. 515.)

Von Luther zu Bismarck. 12 Charakterbilder aus deutscher Geschichte. Von Prof. Dr. O. Weber. 2. Aufl. (123/124.)

Marx, Karl. Versuch einer Würdigung. V. Prof. Dr. R. Wilbrandt. 4. A. (621.)

Mensch u. Erde. Skizzen z. d. Wechselbeziehungen zwischen beiden. Von Geh. Rat Prof. Dr. A Kirchhoff. 4. Aufl.

— f. a. Eiszeit; Mensch Abt. V. [(Bd. 31.)

Mittelalter. Mittelalterl. Kulturideale. V. Prof. Dr. V. Vedel. I: Heldenleben. II: Ritterromantik. (Bd 292, 293)

— f. auch Geschichte, Osten, Städte und Bürger i. M.

Moltke. Von Major F. C. Endres. Mit 1 Bildn. (Bd. 415.)

Münze. Grundriß d. Münzkunde. 2. Aufl. I. Die Münze nach Wesen, Gebrauch u. Bedeutg. V. Hofrat Dr. A. Luschin v. Ebengreuth. M. 56 Abb. II. Die Münze in ihrer geschichtl. Entwicklung v. Altertum b. z. Gegenw. Von Prof. Dr. H. Buchenau. (Bd. 91, 657.)

Mythologie f. Abt. I.

Napoleon I. Von Prof. Dr. Th. Bitterauf. 3. Aufl. Mit 1 Bildn. (Bd. 195.)

Nationalbewußtsein siehe Volk.

Natur u. Mensch. V. Dir. Prof. Dr. M. G. Schmidt. M. 19 Abb. (Bd. 458.)

Naturvölker. Die geistige Kultur der N. V. Prof. Dr. K. Th. Preuß. M. 9 Abb.

— f. a. Völkerkunde, allg. [(Bd. 452.)

Neugriechenland. Von Prof. Dr. A. Heisenberg. (Bd. 613.)

Neuseeland f. Australien.

Orient f. Indien, Palästina, Türkei.

Osten. Der Zug nach dem O. Die kolonisatorische Großtat d. deutsch. Volkes i. Mittelalter. V. Geh. Hofrat Prof. Dr. K. Hampe. (Bd. 731.)

Österreich. O.'s innere Geschichte von 1848 bis 1895. V. R. Charmatz. 3., veränd. Aufl. I. Die Vorherrschaft der Deutschen. II. Der Kampf der Nationen. (651/652.)

— Geschichte der auswärtigen Politik O.'s im 19. Jahrhundert. V. R. Charmatz. 2., veränd. Aufl. I. Bis zum Sturze Metternichs. II. 1848—1895. (653/654.)

— Österreichs innere u. äußere Politik von 1895—1914. V. R. Charmatz. (655.)

Ostmark f. Abt. VI.

Ostseegebiet, Das. V. Prof. Dr. G. Braun. M. 21 Abb. u. 1 mehrf. Karte. (Bd. 367.)

— f. auch Baltische Provinzen, Finnland.

Palästina u. f. Geschichte. V. Prof. Dr. H. Frh. v. Soden. 4. Aufl. M. 1 Plan v. Jerusalem u. 3 Ans. d. Heil. Landes. (6.)

— P. u. f. Kultur i. 5 Jahrtaus. Nach d. n. Ausgrab. u. Forschg. dargest. v. Prof. Dr. P. Thomsen. 2. A. M. 37 Abb. (260.)

Papyri f. Antikes Leben.

Polarforschung. Geschichte der Entdeckungsreisen zum Nord- u. Südpol v. d. ältest. Zeiten bis zur Gegenw. V. Prof. Dr. K. Hassert. 3. Aufl. M. 6 Kart. (Bd. 38.)

Polen. M. ein. geschichtl. überblick üb. d. polnisch-ruthen. Frage. V. Prof. Dr. R. F. Kaindl. 2., verb. Aufl. M. 6 Kart. (547.)

Politik. Umrisse d. Weltpol. V. Prof. Dr. J. Hashagen. 3 Bde. I: 1871—1907. 2. A. II. 1903—1914. 2. A. (Bd. 553/54.)

— Politische Hauptströmungen in Europa im 19. Jahrhundert. Von Prof. Dr. K. Th. v. Heigel. 4. Aufl. von Dr. Fr. Endres. (Bd. 129.)

— Politische Geographie. Von Prof. Dr. W. Vogel. (Bd. 634.)

Pompeji, eine hellenist. Stadt in Italien. V. Geh. Hofrat Prof. Dr. Fr. v. Duhn. 3. Aufl. M. 62 Abb. sowie 1 Plan. (114.)

Preußische Geschichte f. Brandenb.-br. G.

Reaktion und neue Ära f. Gesch., deutsche.

Reformation f. Luther.

Reichsverfassung, Die neue R. Von Priv.-Doz. Dr. O. Bühler. (Bd. 762.)

Renaissance. Die R. Von Privatdoz. Dr. A. von Martin. (Bd. 730.)

Restauration u. Rev. f. Geschichte, bslche

Revolution. Geschichte der Französ. R. V. Prof. Dr. Th. Bitterauf. 2. Aufl. Mit 8 Bildn. (Bd. 346.)

— 1848. 6 Vorträge. Von Prof. Dr. O. Weber. 3. Aufl. (Bd. 53.)

V. Mathematik, Naturwissenschaften und Medizin.

Mathematik. Einführung in die Mathematik. Von Studienrat W. Mendelssohn. Mit 42 Fig. (Bd. 503.)
— Math. Formelsammlung. Ein Wiederholungsbuch der Elementarmathematik. Von Prof. Dr. S. Jakobi. I. Arithmetik u. Algebra. II. Geometrie. (646/47.)
— Naturwissenschaft, Mathem. u. Medizin i. klass. Altertum. B. Prof. Dr. Joh. L. Heiberg. 2. Aufl. M. 2 Fig. (370.)
— Praktische M. Von Prof. Dr. R. Neuendorff. I. Graphische Darstellungen. Verkürztes Rechnen. Das Rechnen mit Tabellen. Mechanische Rechenhilfsmittel. Kaufmännisches Rechnen i. tägl. Leben. Wahrscheinlichkeitsrechnung. 2., verb. A. M. 29 Fig. i. T. u. 1 Taf. II. Geom. Zeichnen. Projektionsl. Flächenmessung. Körpermessung. M. 133 Fig. (341, 526.)
— Mathemat. Spiele. B. Dr. W. Ahrens. 4. Aufl. M. Titelb. u. 78 Fig. (Bd. 170.)
— s. a. Arithmetik, Differentialgleichung, Differentialrechnung, Vektorrechnung, Geometrie, Graphisches Rechnen, Infinitesimalrechnung, Integralrechnung, Perspektive, Planimetrie, Projektionslehre, Spiele, Trigonometrie.
Mechanik. B. Prof. Dr. G. Hamel. 3 Bde. I. Grundbegriffe der M. Mit 38 Fig. II. M. d. festen Körper. III. M. d. flüss. u. luftförm. Körper. (Bd. 684/686.)
— Aufgaben aus d. techn. Mechanik für den Schul- u. Selbstunterricht. B. Prof. N. Schmitt. I. Statik u. Festigkeitsl. 2. Aufl. Aufg. u. Lös. II. Dynamik u. Hydraulik. 140 Aufgab. u. Lösung. m. zahlr. Figur. i. Text. (Bd. 558, 559.)
— siehe auch Statik, Festigkeitslehre.
Medizin i. klass. Altertum f. Mathematik.
Meer. Das M., s. Erforsch. u. s. Leben. Von Prf. Dr. O. Janson. 3. A. M. 40 F. (Bd. 30.)
Mensch u. Erde. Skizzen v. d. Wechselbezieh. zwischen beiden. Von Geh. Rat Prof. Dr. A. Kirchhoff. 4. Aufl. (Bd. 31.)
— Natur u. Mensch siehe Natur.
— s. a. Eiszeit, Entwicklungsgesch., Urzeit.
Menschl. Körper. Bau u. Tätigkeit d. menschl. K. Einführ. i. d. Physiol. d. M. B. Prof. Dr. H. Sachs. 4. Aufl. M. 34 Abb. (32.)
— s. auch Anatomie, Arbeitsleistungen, Auge, Blut, Fortpflanzg., Herz, Nervensystem, Sinne, Verbildungen.
Mikroskop, Das. Seine wissenschaftlichen Grundlagen und seine Anwendung. Von Dr. A. Ehringhaus. Mit 76 Abb. (Bd. 678.)
Mikrotechnik. Einführung in die M. Von Dr. W. Franz und Dr. H. Schneider. (Bd. 765.)
Moleküle f. Materie.
Mond, Der. Von Prof. Dr. J. Franz. 2. Aufl. Mit 34 Abb. (Bd. 90.)
Nahrungsmittel f. Ernährung u. N.
Natur u. Mensch. B. Direkt. Prof. Dr. M. G. Schmidt. Mit 19 Abb. (Bd. 458.)

Naturlehre. Die Grundbegriffe der modernen N. Einführung in die Physik. Von Hofrat Prof. Dr. F. Auerbach. 4. Aufl. Mit 71 Fig. (Bd. 40.)
Naturphilosophie. Von Prof. Dr. J. M. Verweyen. 2. Aufl. (Bd. 491.)
Naturwissenschaft. Religion und N. in Kampf u. Frieden. V. Pfarrer Dr. A. Pfannkuche. 2. Aufl. (Bd. 141.)
— N. und Technik. Am sausenden Webstuhl d. Zeit. Übersicht üb. d. Wirkungen d. Naturw. u. Technik a. d. ges. Kulturleben. B. Geh. Reg.-Rat Prof. Dr. W. Launhardt. 3. Afl. M. 3 Abb. (23.)
— N., Math. u. Medizin i. klass. Altertum. B. Prof. Dr. J. L. Heiberg. 2. Aufl. Mit 2 Fig. (Bd. 370.)
Nerven. Vom Nervensystem, sein. Bau u. sein. Bedeutung für Leib u. Seele im gesund. u. krank. Zustande. B. Prof Dr. R. Bander. 3. Aufl. M. 27 Abb. (Bd. 48.)
— siehe auch Anatomie.
Optik. Die opt. Instrumente. Lupe, Mikroskop, Fernrohr, photogr. Objektiv u. ihnen verwandte Instr. B. Prof. Dr. M. v. Rohr. 3. Aufl. M. 89 Abb. (88.)
— siehe auch Auge, Kinemat., Licht u. Farbe, Mikrosk., Spektroskopie, Strahlen.
Organismen. D. Welt d. O. In Entwickl. u. Zusammenh. dargest. B. Oberstudienr. Prof. Dr. K. Lampert. M. 52 Abb. (236.)
Paläozoologie siehe Tiere der Vorwelt.
Perspektive, Die, Grundzüge d. P. nebst Anwendg. B. Prof. Dr. K. Doehlemann. 2. verb. Afl.. M. 91 Fig. u. 11 Abb. (510.)
Pflanzen. Die fleischfress. Pfl. B. Prof. Dr. A. Wagner. Mit 82 Abb. (Bd. 344.)
— Uns. Blumen u. Pfl. i. Garten. B. Prof. Dr. U. Dammer. M. 69 Abb. (Bd. 360.)
— Uns. Blumen u. Pfl. i. Zimmer. B. Prof. Dr. U. Dammer. M. 65 Abb. (Bd. 359.)
— Werdegang u. Züchtungsgrundlagen d. landw. Kulturpflanzen. B. Prof. Dr. A. Zade. Mit Abb. (Bd. 766.)
— f. auch Botanik, Garten, Lebewesen, Pilze, Schädlinge, Tabak; Kolonialbotanik Abt. VI.
Pflanzenphysiologie. B. Dir. Prof. Dr. H. Molisch. Mit 63 Fig. (Bd. 569.)
Photochemie. B. Prof. Dr. G. Kümmell. 2. Afl. M. 23 Abb. i. T. u. a. 1 Taf. (227.)
Photogrammetrie f. Kartenkunde Abt. IV.
Photographie f. Abt. VI.
— Werdegang d. mod. Ph. B. Studienr. Dr. H. Keller. M. 13 Fig. (143.)
— Experimentalphysik. Gleichgewicht u. Bewegung. Von Geh. Reg.-Rat u. Prof. Dr. R. Börnstein. M. 90 Abb. (371.)
Physik. Ph. i. Küche u. Haus. B. Studienr. H. Speitkamp. 2. Aufl. Mit 54 Abb. (Bd. 478.)
— Große Physiker. Von Prof. Dr. F. A. Schulze. 2. Aufl. Mit 6 Bildn. (324.)
— f. a. Energie, Materie, Mechanik, Naturlehre, Optik, Relativitätstheorie, Wärme.

Vererbung. Exp. Abstammgs.- u. V.-Lehre. Von Prof. Dr. E. Lehmann. 2. Aufl. Mit 27 Abbildungen. (Bd. 379.)
— Geistige Veranlagung u. V. V. Dr. phil. et med. G. Sommer. 2. Aufl. (512.)
— siehe auch Befruchtung.
Vogelleben, Deutsches. Zugleich als Exkursionsbuch für Vogelfreunde. V. Prof. Dr. A. Voigt. 2. Aufl. (Bd. 221.)
Vogelzug und Vogelschutz. Von Dr. W. R. Eckardt. Mit 6 Abb. (Bd. 218.)
Wald. Der dtsche. V. Prof. Dr. H. Hausrath. 2. A. M. Bilderanh. u. 2 K. (153.)
Wärme. Die Lehre v. d. W. V. Geh. Reg.-Rat Prof. Dr. R. Börnstein. M. 33 Abb. 2. Aufl. v. Prof. Dr. A. Wigand. (172.)
— f. a. Luft; Wärmekraftmasch., Wärmelehre, techn. Thermodynamik Abt. VI.
Wasser, Das. Von Geh. Reg.-Rat Dr. O. Anselmino. Mit 44 Abb. (Bd. 291.)
Weidwerk, D. dtsche. V. Forstmstr. G. Frhr. v. Nordenflycht. M. Titelb. (Bd. 436.)
Weltall. Der Bau des W. Von Prof. Dr. J. Scheiner. 5. Aufl. Von Observ. Prof. Dr. P. Guthnick. M. 28 Fig. (24.)
Weltäther f. Materie.

Weltbild. Das astronomische W. im Wandel der Zeit. Von Prof. Dr. S. Oppenheim. I. B. Altertum bis z. Neuzeit. 3. Aufl. Mit 19 Abb. II. Moderne Astronomie. 2. Aufl. Mit 9 Fig. i. Text u. 1 Taf. (Bd. 444/45.)
— siehe auch Astronomie.
Weltentstehung. Entstehung d. W. u. d. Erde nach Sage u. Wissensch. V. Prof. Dr. M. B. Weinstein. 3. Aufl. (Bd. 223.)
Weltuntergang in Sage und Wissenschaft. Von Prof. Dr. S. Oppenheim u. Prof. Dr. K. Ziegler. (Bd. 720.)
Wetter. Unser W. Einführ. i. d. Klimatol. Deutschl. V. Dr. R. Hennig. 2. Aufl. Mit 43 Abb. (Bd. 349.)
— Einführung in die Wetterkunde. Von Prof. Dr. L. Weber. 3. Aufl. Mit 28 Abb. u. 3 Taf. (Bd. 55.)
Wirbeltiere. Vergleichende Anatomie der Sinnesorgane der W. Von Prof. Dr. W. Lubosch. Mit 107 Abb. (Bd. 282.)
Zellen- und Gewebelehre siehe Anatomie des Menschen, Biologie.
Zoologie f. Abstammungsl., Aquarium, Bienen, Biologie, Schädlinge, Tiere, Urtiere, Vogelleben, Vogelzug, Weidwerk, Wirbeltiere.

VI. Recht, Wirtschaft und Technik.

Agrikulturchemie. Von Dr. P. Krische. 2. verb. Aufl. Mit 21 Abb. (Bd. 314.)
Angestellte siehe Kaufmännische A.
Antike Wirtschaftsgeschichte. Von Dr. O. Neurath. 2. umgearb. Aufl. (258.)
— siehe auch Antikes Leben Abt. IV.
Arbeiterschutz und Arbeiterversicherung. V. Geh. Hofrat Prof. Dr. O. v. Zwiedineck-Südenhorst. 2. Aufl. (78.)
Arbeitsleistungen des Menschen, Die. Einführ. in d. Arbeitsphysiologie. V. Prof. Dr. H. Boruttau. M. 14 Fig. (Bd. 539.)
— Berufswahl, Begabung u. A. in ihren gegenseitigen Beziehungen. Von W. J. Ruttmann. 2. A. M. 7 Abb. (Bd. 522.)
Arzneimittel und Genußmittel. Von Prof. Dr. O. Schmiedeberg. (Bd. 363.)
Baukunde f. Eisenbetonbau.
Baukunst siehe Abt. III.
Beleuchtungswesen. Von Ing. Dr. H. Lux. Mit 54 Abb. (Bd. 433.)
Berufswahl siehe Arbeitsleistungen.
Bevölkerungswesen. Von Prof. Dr. L. von Bortkiewicz. (Bd. 670.)
Bierbrauerei. Von Dr. A. Bau. Mit 47 Abb. (Bd. 333.)
Bilanz f. Buchhaltung u. B.
Brauerei f. Bierbrauerei.
Buch. Wie ein B. entsteht. V. Prof. A. W. Unger. 5. Aufl. M. 9 Taf. u. 26 Abb. im Text. (Bd. 175.)
— f. a. Schrift- u. Buchwesen Abt. IV.

Buchhaltung u. Bilanz, Kaufm., und ihre Beziehungen z. buchhalter. Organisation, Kontrolle u. Statistik. V. Dr. P. Gerstner. 3. Afl. M. 4 schemat. Darst. (507.)
— Buchhalterische Organisation (Selbstkostenkontrollbuchführung). Von Dr. P. Gerstner. [In Vorb. 1921.]
Dampfkessel siehe Feuerungsanlagen.
Dampfmaschine, Die. Von Geh. Bergrat Prof. R. Vater. 2 Bde. I: Wirkungsweise d. Dampfes i. Kessel u. i. d. Masch. 4. Afl. M. 37 Abb. (393.) II: Ihre Gestalt u. Verwend. 3. Aufl. Von Privatdoz. Dr. F. Schmidt. M. 94 Abb. (394.)
Desinfektion. Sterilisation und Konservierung. Von Reg.- und Med.-Rat Dr. O. Solbrig. Mit 20 Abb. (Bd. 401.)
Drähte u. Kabel, ihre Anfertig. u. Anwend. i. d. Elektrotech. V. Ober-Post-Insp. H. Brick. 2. Aufl. M. 43 Abb. (Bd. 285.)
Dynamik f. Mechanik, Thermodynamik.
Eisenbahnwesen, Das. Von Eisenbahnbau- u. Betriebsinsp. a. D. Dr.-Ing. E. Biedermann. 3. verb. A. M. 62 Abb. (144.)
Eisenbetonbau, Der. V. Dipl.-Ing. E. Haimovici. 2. Aufl. Mit 82 Abb. i. T. sowie 6 Rechnungsbeisp. (Bd. 275.)
Eisenhüttenwesen, Das. Von Geh. Bergr. Prof. Dr. H. Wedding. 6. Aufl. v. Bergass. F. Wedding. M. Abb. (20.)
Elektrische Kraftübertragung, Die. V. Ing. P. Köhn. 2. Afl. M. 133 Abb. (Bd 424.)
— Maschinen. Von Dipl.-Ing. M. Liwschitz. (Bd. 774.)
Elektrochemie. Von Prof. Dr. K. Arndt. 2. Aufl. Mit 37 Abb. i. T. (Bd. 234.)

===== **Weitere Bände sind in Vorbereitung.** =====